ARCHITECTURE DESIGN

CLASSIC HOUSE

네이처스페이스
NATURE SPACE

ARCHITECTURE DESIGN

CLASSIC HOUSE

네이처스페이스
NATURE SPACE

주식
회사 **주택문화사**

주식
회사 **주택문화사**

CON TENTS

REINFORCED CONCRETE + WOOD FRAME HOUSE

이국미 물신 풍기는
지중해풍 대저택

HOUSE PLAN

대지위치 : 경기도 성남시 분당구 / 대지면적 : 461.20㎡ / 건축면적 : 219.44㎡ / 연면적 : 327.78㎡(1층-154.52㎡ / 2층-173.26㎡) / 건폐율 : 48.03% / 용적률 : 71.07% / 주차대수 : 2대 / 최고높이 : 12.99m / 구조 : 기초-철근콘크리트조, 지상-경량목구조 2×6 구조목재 _ 미국산 더글러스, 아이조이스트, 공학목재 빔, 미국 CDX 천연합판 / 단열재 : 미국산 에코단열재(벽-R19 / 지붕-R37) / 외부마감재 : 외벽-미국식 시멘트 스터코 베리언스 마감, 수입라임스톤 _ 외단열-스카이텍 _ 미국 CDX 천연합판 _ 지붕-스페니쉬 유형기와 5단 쌓기 / 담장재 : 에메랄드그린 / 창호재 : 미국 앤더슨창호 / 철물하드웨어(목조주택에 한하여) : 심슨스트롱 타이, 탐린, 메가타이 / 열회수환기장치 : 미국산 열교환장치 / 에너지원 : 도시가스, 태양열전기 / 조경석 : 사비석 / 공사기간 : 2년 / 설계 : 네이처스 페이스

INTERIOR SOURCE

내부마감재 : 내부 전체-미국산 던 에드워드 천연페인트 _ 바닥-수입 티크 원목마루(헤링본) _ 타일-이태리 타일 / 욕실 및 주방 타일 : 이태리 타일 / 수전 등 욕실 기기 : 수전-미국, 이태리 / 주방 가구 : 미국 수입 / 조명 : 미국, 이태리 수입 / 계단재, 난간 : 미국 오크 원목, 미국 라운드 핸드레일 오크 / 현관문 : 미국 마호가니 원목도어 / 방문 : 미국 수입 도어(높이 2,400㎜) / 붙박이장 : 디자인 제작 / 데크재 : 사비석 잔다듬

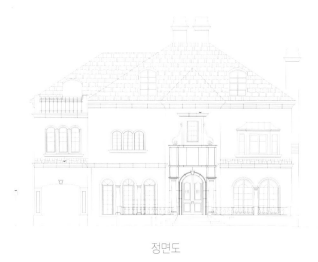

정면도

경기도 분당구 운중동에 위치한 주택은 두 필지를 합한 대지에 들어선 만큼 면적이 넉넉했다. 단지 내에서 제일 위쪽에 자리한 대지라 전망도 좋다. 더구나 단지 내 도로가 전면으로 뻗어 있어 시야에 막힘이 없다. 고급주택들이 즐비한 판교, 그중에서도 부촌으로 통하는 운중동에서도 돋보이는 주택이다. 건축주 부부는 자녀들과 편안한 생활을 할 수 있는 지중해풍 스타일의 주택을 원했는데, 넓은 대지를 충분히 활용한 미국의 대저택 느낌을 희망했다. 이를 제대로 구현하기 위해 해외에서 자재를 수급하다 보니 공기가 예상보다 늘어졌다.

미국식 친환경 주택을 기본 콘셉트로 삼았고, 단열 성능이 좋은 북미 창호를 사용하였다. 해당 주택은 그 외관만으로도 마치 지중해에서 그대로 옮겨온 듯한 느낌이다. 외장은 스터코플렉스를 사용하였고, 지붕에 지중해풍 기와가 겹겹이 쌓여 중후한 느낌이다. 현관에 설치된 커다란 라임스톤은 흡사 미국의 대저택 입구를 연상케 한다. 현관으로 이어지는 아치형 계단은 사비석 판재로 마감하였고, 양측으로 라임스톤 기둥이 손님의 동선을 안내한다.

가족 구성원에게는 개별적으로 각자의 침실이 배치되었는데, 그에 딸린 화장실과 거실이 각각 존재한다. 자녀의 프라이버시한 라이프스타일을 존중하고, 개인별 생활에 집중할 수 있도록 배려한 설계 의도가 반영되었다. 1층에는 게스트룸과 화장실, 그리고 커다란 거실과 다이닝룸을 두었다. 현관으로 들어오자마자 맞이하는 큰 기둥 8개로 인해 이국적인 분위기가 물씬 풍긴다. 입구에서 정면으로 보이는 아치형 계단은 2층에서 당장이라도 신데렐라가 걸어 내려올 듯하다. 널찍한 거실은 큰 파티를 열어도 무리가 없을 정도로 여유롭다. 현관과 거실, 주방까지 하나의 동선상에 막힘없이 이어지는 공간은 일체감이 느껴진다. 헤링본 스타일의 원목 마루와 따뜻한 느낌을 전하는 실내의 아이보리 페인팅, 그리고 이를 비추는 조명이 어우러져 실내가 한결 고급스럽다.

거실에는 멋들어진 벽난로와 사방을 감싸고 있는 커다란 창호들이 인상적인데, 채광이 좋고 환기 역시 손쉽다. 대리석으로 마감된 벽난로는 매립하여 공간 활용도를 높였고, 벽난로 위 멋진 거울과 크리스털 장식들이 럭셔리하게 보인다. 추운 겨울 벽난로에 모닥불을 피워놓고 가족들과 도톰한 카펫 위에서 담소도 나누며 소위 '불멍'을 즐긴다면 굳이 머나먼 외국까지 갈 필요가 있을까 싶다. 다이닝룸은 시공사에서 디자인하고 제작 발주한 가구들로 클래식하게 꾸며졌다. 유독 눈에 들어오는 아일랜드 테이블의 브라질산 심해석 상판이 금빛을 뿜낸다. 메인 주방 바로 옆으로 보조주방을 배치하여 각종 수납이 편리하고 여유롭다. 세탁기나 건조기를 별도로 배치하지 않고 보조주방 테이블에 매립하여 실내 공간의 낭비를 줄였다. 지하는 시네마룸과 서재로 꾸며져 있다. 원활한 환기와 습한 느낌을 줄이기 위해 열환기장치를 별도로 설치하였다. 시네마룸 벽면은 패브릭패널로 마감해 안락한 가족 영화관으로 연출하였다.

우측면도 좌측면도

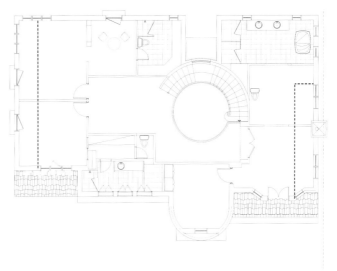

2층 평면도

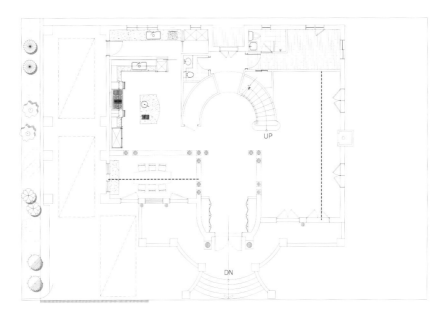

1층 평면도

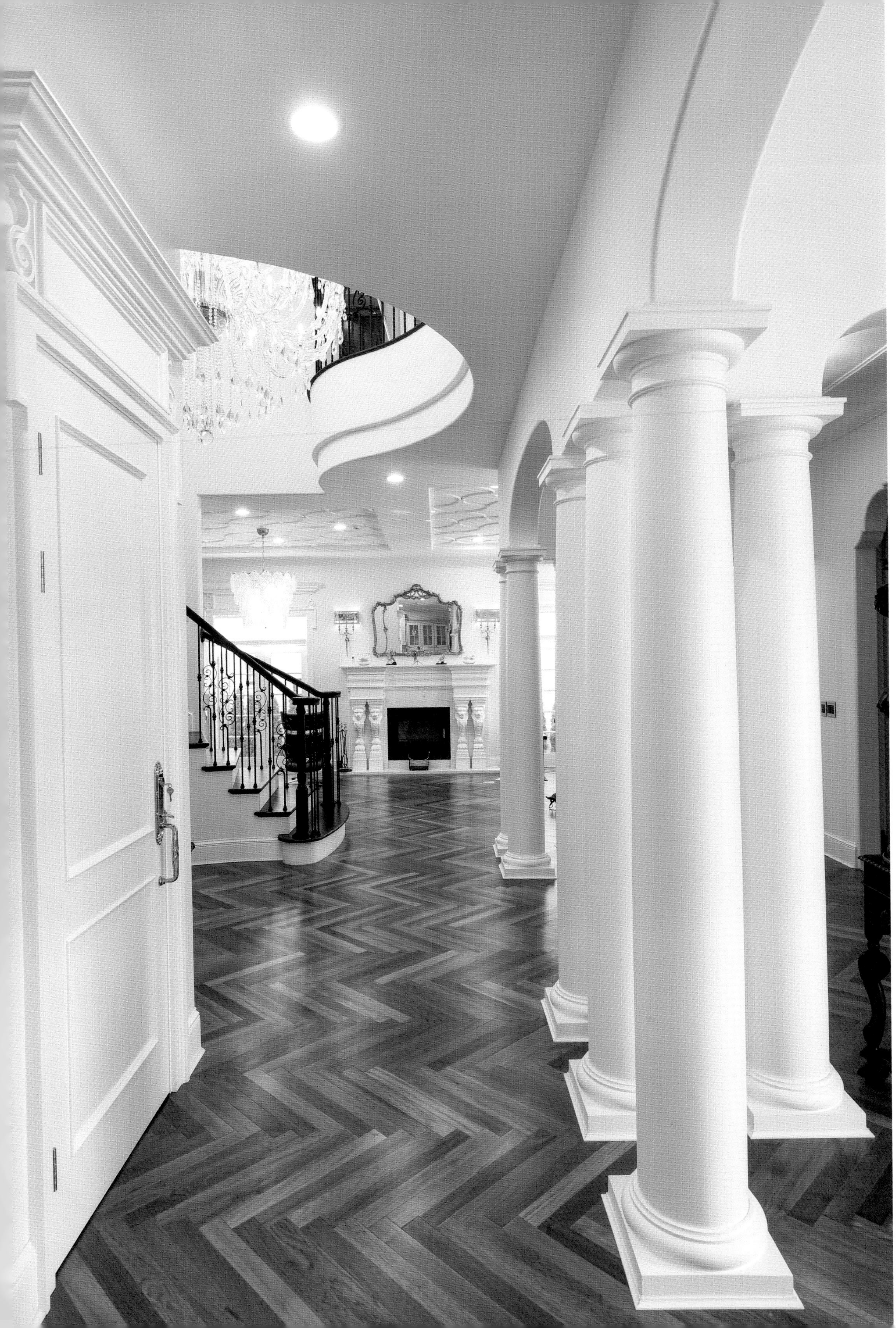

REINFORCED CONCRETE + WOOD FRAME HOUSE

미국 직수입 자재로 지은 품격 있는 집

HOUSE PLAN

대지위치 : 강원도 원주시 / 대지면적 : 790㎡(238.97평) / 건축면적 : 139.52㎡(42.20평) / 연면적 : 535.71㎡(162.05평) / 건폐율 : 17.66% / 용적률 : 31.15% / 주차대수 : 5대 / 최고높이 : 11.30m / 공법 : 기초, 지하 - 철근콘크리트 _ 지상 - 목구조 / 구조재 : 벽 - 철근콘크리트(지하), 더글라스퍼 1등급 구조재(지상) _ 지붕 - 더글라스퍼 1등급 구조재 / 지붕마감재 : 테릴기와 및 제작 동판 굴뚝 / 단열재 : 스카이텍, 에코배트(ECOBATT) 그라스울, 비드법단열재 1종1호 / 외벽마감재 : 스터코플렉스 베리언스, 라임스톤 / 창호재 : Andersen window / 에너지원 : 지열보일러, LPG / 설계 : 네이처스페이스

INTERIOR SOURCE

내벽마감재 : 던에드워드 페인트, 에덴바이오 벽지 / 바닥재 : 원목마루(독일제) / 욕실 및 주방 타일 : 상아타일, 신흥스톤 / 수전 등 욕실기기 : 콜러(수입), 아메리칸스탠다드 / 주방 가구 : 시공사 설계, 주문 제작 / 조명 Global view, Progress light 등 직구매 / 계단재 : Lj smith(수입) / 현관문 : 미국산 주문 제작 오크 원목 도어 / 방문 : 미국산 주문 제작 수입도어 / 아트월 : 시공사 설계, 주문 제작 / 붙박이장 : 시공사 설계, 주문 제작 / 데크재 : 사비석

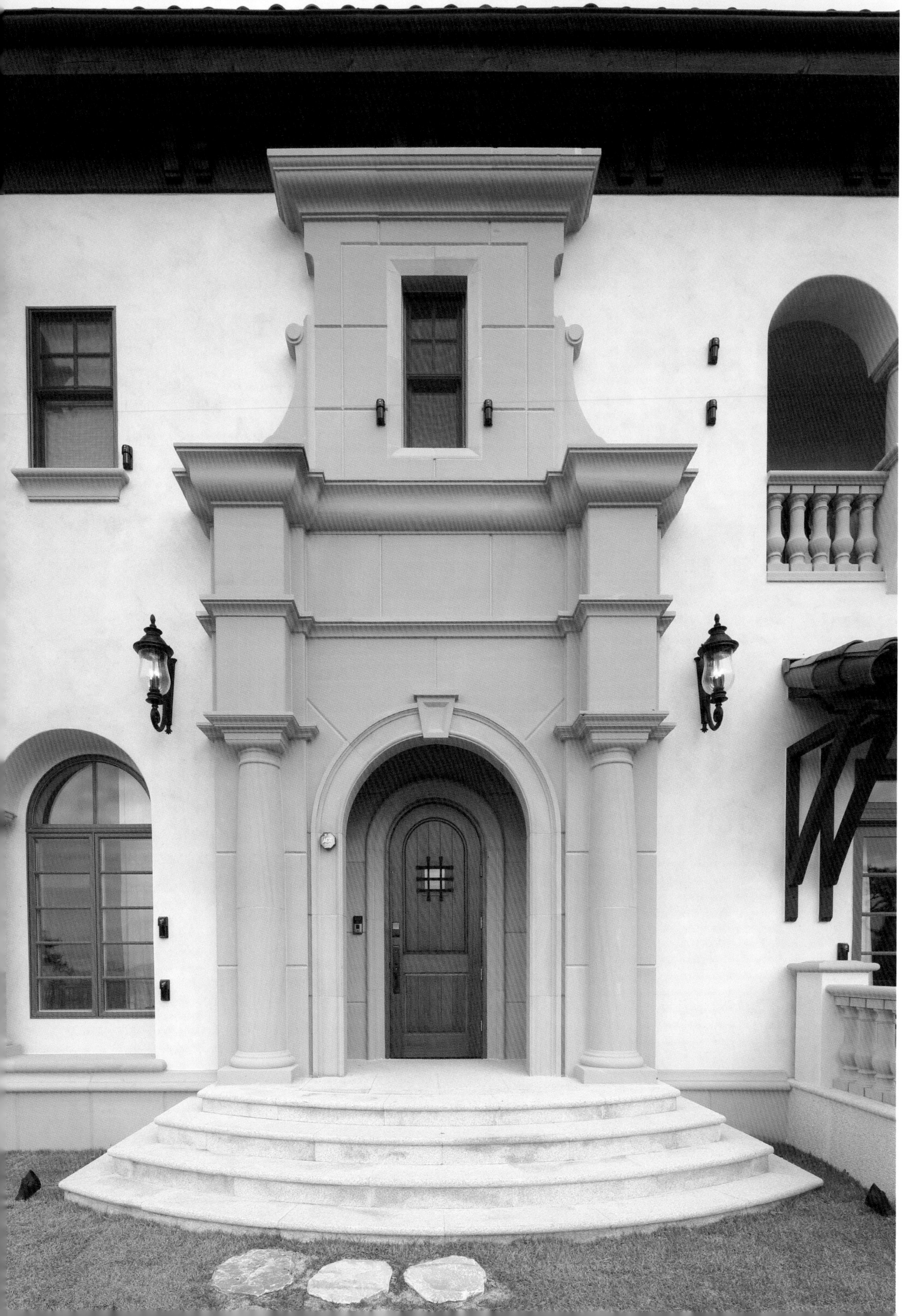

"가장 중요하게 여겼던 것은 입지였습니다. 건축적인 부분은 아내가 제게 일임했습니다만, 집이 들어설 대지만큼은 같이 보고 의견을 나누었죠. 준비 기간의 대부분이 걸렸습니다."

건축주 부부는 집 앞 마당에서 입지 선정에 대한 이야기를 이어갔다. 아직 한창 일을 하고 있고, 작은 아들이 고등학생인 만큼 교통 여건과 도시 접근성도 고려 대상이었다. 전원주택으로서의 풍경을 갖춘 대지를 원했지만 그렇다고 외딴 숲속에 가고 싶진 않았다. 모두 갖추기는 어려운 조건들이었지만 부부는 긴 시간 노력 끝에 결국은 지금의 대지를 구할 수 있었다. 야트막한 언덕 맨 위에 위치해 건축 높이에 대한 부담을 덜었고, 멀리 치악산까지 막힘없이 시야가 닿았다. "원주 혁신도시와 도심이 멀지 않은 데다 그 둘이 빚어내는 야경이 별을 흩뿌린 듯 빼어났다"며 안주인은 만족감을 드러냈다.

마음에 드는 대지를 만날 무렵, 건축주는 시공사를 찾기 위해 건축주들 사이에서도 '단독주택 백화점'이라고 불릴 정도로 다양한 단독주택을 볼 수 있는 판교로 향했다. "사실 무작정 찾아간 것이나 다름없었죠. 하지만 그곳에서 제 눈을 한 번에 사로잡은 집이 있었고, 구경차 방문하게 되었습니다." 그 집의 주인이 바로 '네이처스페이스' 대표의 집이다. 그런 인연으로 계약에 이르고 착공한 지 1년 반만에 입주했다. 적지 않은 시간이 들었지만 어려운 점은 전혀 없었다는 건축주. 그 시간도 내실을 기울이는데 들어간 시간이라는 것을 알았기에 빨리 새 집에 들어가고 싶은 조바심 이외에는 스트레스 받을 일이 없었다고.

건축주는 다양한 레저 활동과 캠핑을 취미로 두고 있고, 그만큼 여행을 즐겼다. 그중에서도 미국에서의 바이크 여행이 이 주택을 구상하는 데 많은 영감을 줬다. 주택의 외관 디자인은 미국식으로 변주된 지중해풍 앤티크 스타일을 지향했다. 주택의 배치나 실에서도 그런 경향을 엿볼 수 있었다. 차고와 게스트룸, 주택의 배치 등은 여행 경험에서 특별히 신경쓴 부분이다. 특히 아치형의 개구부와 전체적으로 높은 실내 천장고, 크고 유려한 곡선으로 연출한 계단은 풍성한 공간적 재미를 주면서 이 주택의 전체적인 분위기를 정의하는 상징으로 꼽을만한 부분이다.

겉으로 보이는 구조와 디자인적인 부분 외에 자재 측면에서도 충분히 내실을 기울였다. 창호에는 차음과 단열 성능이 좋은 앤더슨 창호를 미국에서 직접 들여와 시공했고, 구조재도 목조주택에 흔히 사용되는 S.P.F 대신 더 두껍고 강도가 높은 미국산 더글라스퍼 1등급을 적용했다. 덕분에 외벽을 얇게 하면서도 구조는 더 튼튼하게 만들 수 있었고 내진 성능도 높일 수 있었다. 품격 있는 외관과 인테리어, 완성도 높은 구조와 자재로 단단하게 지어진 집이지만, 아직 더 해야 할 일이 많다는 부부는 "이제 막 입주한 터라 아직도 할 게 너무 많아요."라며 행복한 불평을 한다. 처음 전원주택의 꿈을 가지기 시작해 여행에서 영감을 얻고 땅을 얻어 집을 완성하기까지 10년. 하지만 새 집에서 펼쳐지는 가족의 또 다른 여행은 이제 막 시작이다.

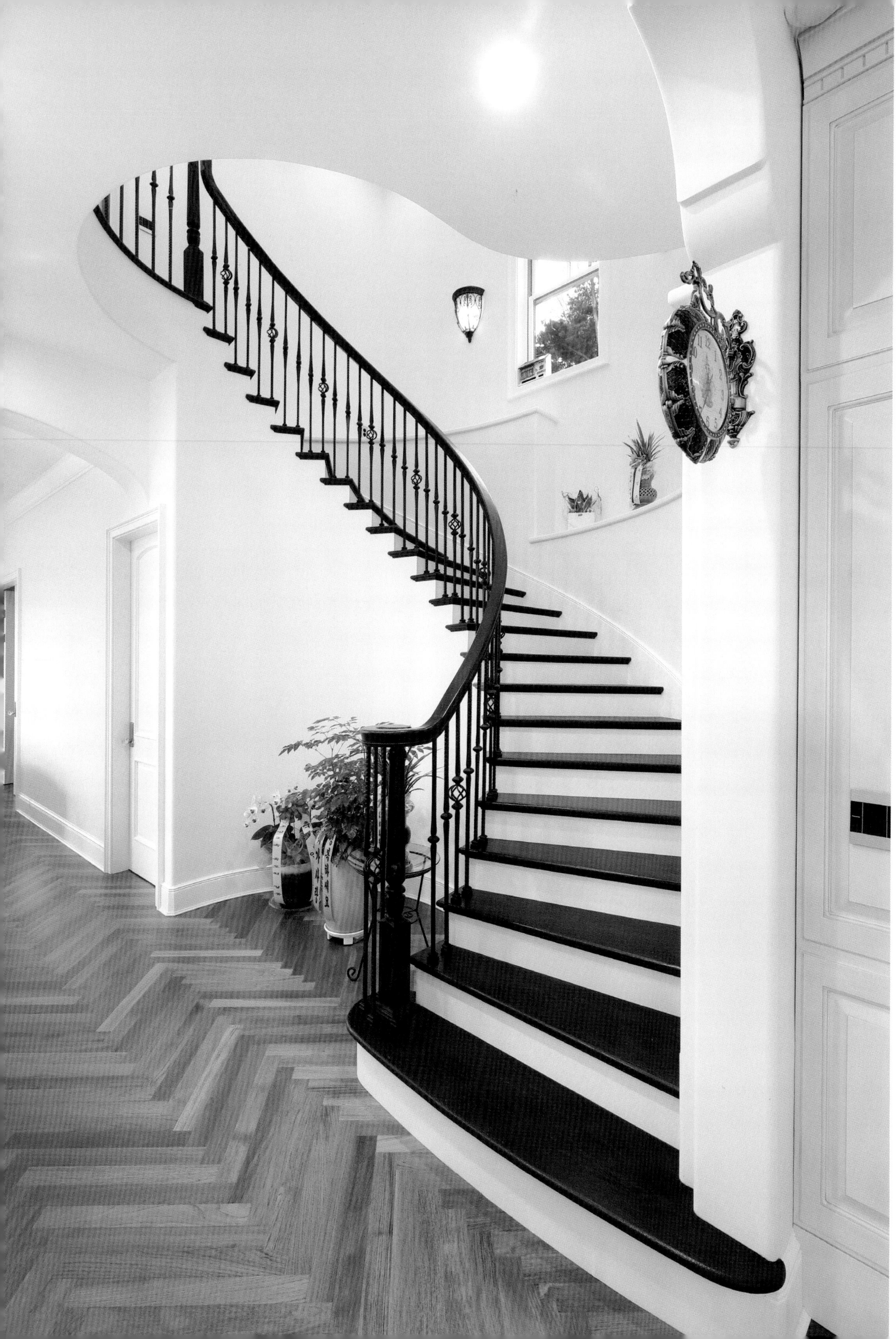

REINFORCED CONCRETE + WOOD FRAME HOUSE

불암산 자락의
고풍스러운 목조주택

HOUSE PLAN

대치위치 : 경기도 남양주시 별내동 / 대지면적 : 405.50㎡ / 건축면적 : 175.50㎡ / 연면적 : 253.70㎡(1층-175.50㎡, 2층-78.20㎡) / 건폐율 : 43.33% / 용적률 : 62.53% / 주차대수 : 2대 / 최고높이 : 11.85m / 구조 : 기초 및 지하-철근콘크리트조 / 지상-경량목구조 2×6 구조목재 / 미국산 더글러스, 아이조스트, 공학목재 빔 / 단열재 : 미국산 에코단열재(벽-R19, 지붕-R37) / 외부마감재 : 외벽-미국식 시멘트 스터코, 라임스톤 _ 외단열-스카이텍 10㎜ _ 미국 CDX 천연합판 _ 지붕-유형기와(포르투칼) 5단 쌓기 마감 / 담장재 : 에메랄드 그린 / 창호재 : 미국 앤더슨창호 / 철물하드웨어(목조주택에 한하여) : 심슨스트롱 타이, 탐린, 메가 타이 / 에너지원 : 도시가스 / 조경석 : 사비석 / 공사기간 : 14개월 / 설계 : 네이처스페이스

INTERIOR SOURCE

내부마감재(벽 · 바닥 · 천장) : 내부 전체-미국산 던 에드워드 천연페인트 _ 바닥-수입 티크 헤링본 원목마루 _ 타일-이태리, 미국 타일 / 욕실 및 주방 타일 : 이태리, 스페인 / 수전 등 욕실기기 : 수전-미국, 독일 / 주방가구 : 미국 수입 / 조명 : 미국, 터키, 스페인 / 계단재, 난간 : 미국 오크 원목&오크(LJ스미스) / 현관문 : 미국 수입 마호가니 원목도어(높이 2400×950) / 방문 : 미국 수입 도어(높이 2,400㎜) / 붙박이장 : 디자인 제작 / 데크재 : 사비석 잔다듬

정면도

단면도

불암산의 암벽과 절벽, 울창한 풀숲을 마주한 남양주의 한적한 마을에 주택이 들어섰다. 대지 양측으로 이웃과 맞닿아있고, 동쪽으로는 넓은 공원과 연결된다. 주택 지대가 다소 높아 공원으로 이어지는 외부 산책로에서 정원 안쪽이 잘 보이지는 않는다. 건축주는 자연풍경과 공기가 좋은 조용한 주택가에 잘 어울리는 클래식하면서도 고풍스러운 목조주택을 바랐다. 또한 실내 주차가 가능한 주차장 공간과 데크가 구비된 아늑한 정원에서 자연을 고스란히 느낄 수 있기를 원했다.

미국식 친환경 목조주택 스타일을 설계와 시공에 적용하였다. 라임스톤 구조물과 스터코플렉스로 벽면을 장식한 주택은 마치 포르투갈 라고스 해변에 있을 법한 지중해풍의 고급스러움을 발한다. 비정형 사비석을 쌓아 만든 기단부는 독특한 느낌과 질감을 전하는데, 석재가 주는 견고함과 사비석의 색감이 이채롭다. 자연스러운 느낌을 살리기 위해 기술자가 직접 사비석으로 비정형 모양을 내서 시공하기 때문에 시간이 오래 걸리는 작업이었다. 자연석으로 쌓아 올린 기단부는 동쪽에 자리한 데크와도 연결되어 일체감을 준다. 기단 부분을 두른 사비석과 라임스톤, 주택을 둘러싼 아이보리빛 스터코플렉스로 인해 주택이 한층 커 보인다. 라임스톤 기둥 구조물의 현관이 웅장하게 보이는 가운데, 현관으로 올라가는 계단은 물결이 퍼져가는 듯한 모양으로 구현했다. 또한 아치형 창호로 인해 외관에 유연함이 더해진다. 사비석 담장과 앤티크한 단조 장식, 그리고 커다란 측백나무로 둘러싸인 정원은 잘 꾸며진 전원주택의 정석을 보여준다. 경계목으로 심어진 측백나무는 키가 위쪽으로 자라나는 특성 때문에 이웃집의 시선을 차단하는 데 효과적이다. 또한 항시 푸른 상태를 유지하기 때문에 자연과 더욱 잘 어울린다. 수형이 아름다운 백일홍이 필 때면 클래식한 주택이 더욱 아름다운 모습을 뽐낸다.

현관 좌측에 자리한 실내 주차장은 1층에서 돌출된 구조이다. 멋스러운 기와 장식과 고전적인 벽등이 눈길을 끈다. 외부 환경에 상관없이 차가 안전하고 깨끗하게 보관되고, 주차장과 1층 현관이 연결되어 눈이나 비에 관계없이 드나들 수 있다. 현관에 들어서면 앤티크한 유리 양개도어가 손님을 맞이한다. 화이트 도장으로 세련되고 고급스럽다. 현관에서 보이는 거실은 2층까지 오픈된 구조인데, 동쪽면에 위치한 커다란 창호를 통해 집안 깊숙이 햇볕이 비친다. 덕분에 일직선상에 중문 유리를 통과한 자연광은 현관을 항시 밝게 해준다. 거실 벽난로 우측으로 시선을 돌려보면 천연대리석으로 주방 상판을 마감한 클래식한 분위기의 미국식 주방이 눈에 들어온다. 전구색 램프 조명에 비친 아이보리빛 천연페인트로 내부가 한결 포근하고 로맨틱한 분위기이다. 거실과 다이닝룸 어디에서든 외부 데크로 나갈 수 있는 큰 창이 있어 개방감과 자연풍경이 주는 공간감이 시원하다. 내부 곳곳의 유려한 곡선디자인이 실내 인테리어의 포인트로 자리 잡았다. 안방 공간은 드레스룸과 욕실을 품고 있다. 고급스러운 비앙코 대리석 패턴 타일과 클래식한 금장 장식의 이동식 욕조로 유럽풍 스타일을 연출했다. 옛 수화기 모양의 금장 수전이 이채롭다.

2층에는 자녀방과 거실이 구획되었다. 2층 각방은 거실을 중심으로 양쪽으로 나누어 놓았다. 거실에서 뻗어져 나간 복도가 감싸고 있는 공간이 1층 거실까지 오픈되어 아래를 내려다볼 수 있다. 복층 형태의 이 공간은 1층과 2층간의 소통을 원활하게 해주며 가족간의 유대감을 높여준다. 2층 거실에서 창밖을 내다보면 주차장 지붕면이 보이는데, 지중해풍 기와와의 조형미를 확인할 수 있다. 2층 거실에서 이어지는 옥탑은 서재와 가족의 취미실로 사용된다. 박공 형태의 지붕구조를 그대로 살려 아늑한 공간감을 갖췄다.

52

우측면도   좌측면도

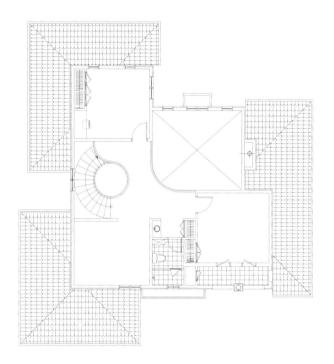

2층 평면도

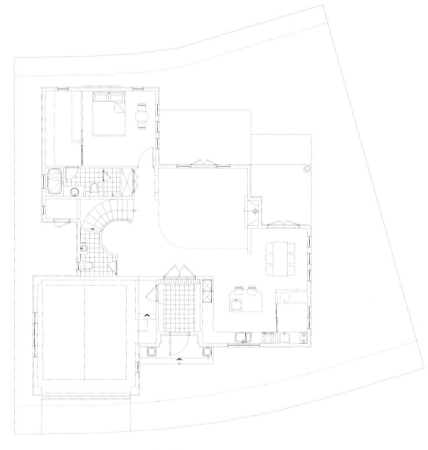

1층 평면도

REINFORCED CONCRETE + WOOD FRAME HOUSE

아치형 창호와
라임스톤 기둥의 조화

HOUSE PLAN

대지위치 : 경기도 성남시 / 대지면적 : 231.6㎡ / 건축면적 : 114.92㎡ / 연면적 : 320.4㎡(1층-112.33㎡ _ 2층-93.53㎡ _ 지하-114.54㎡) / 건폐율 : 49.58% / 용적률 : 88.89% / 주차대수 : 2대 / 최고높이 : 12.99m / 구조 : 기초, 지하-철근콘크리트조, 지상-경량목구조 2×6 구조목재 _ 미국산 더글러스, 아이조이스트, 공학목재 빔 / 단열재 : 미국산 에코단열재(벽-R19 _ 지붕-R37) / 외부마감재 : 외벽-미국식 시멘트 스터코 베리언스 마감, 수입 라임 스톤 _ 외단열-스카이텍 10㎜ _ 미국 CDX 천연합판 _ 지붕-스페니쉬 유형기와(진흥기업) / 담장재 : 에메랄드 그린 / 창호재 : 미국 앤더슨창호 / 철물하드웨어(목조주택에 한하여) : 심슨스트롱타이, 탐린, 메가타이 / 열회수환기장치 : 미국산 열교환장치 / 에너지원 : 도시가스, 태양열 전기 / 조경석 : 사비석 / 공사기간 : 1년 8개월 / 설계 : 네이처스페이스

INTERIOR SOURCE

내부마감재(벽 · 바닥 · 천장) : 내부 전체 미국산 던 에드워드 천연페인트 _ 바닥-수입 티크 원목마루(헤링본) _ 타일-이태리 타일 / 욕실 및 주방 타일 : 이태리 타일 / 수전 등 욕실기기 : 미국, 이태리 / 주방가구 : 미국 수입 / 조명 : 미국, 이태리 수입 / 계단재, 난간 : 미국 오크원목 / 미국 라운드 핸드레일 오크 / 현관문 : 미국 마호가니 원목도어 / 방문 : 미국 수입 도어(높이 2,400㎜) / 붙박이장 : 디자인 제작 / 데크재 : 사비석 잔다듬

대지가 횡으로 길게 놓인 모양새였다. 이미 양쪽으로 주택이 들어선 상태에서 지하주차장을 갖춘 2층 목조주택이 들어섰다. 건축주인 젊은 부부는 두 딸과 함께 거주할 수 있는 공주의 성 같은 지중해풍 스타일의 주택을 희망했다. 이국적인 디자인의 주택은 단지에 들어서면 가장 먼저 눈에 띈다. 라임스톤과 스터코플렉스로 꾸며진 이 주택 앞에 서면 마치 유럽의 주택가에 온 듯한 착각이 들 정도다. 비정형 사비석으로 한껏 멋을 낸 지하주차장 초입은 견고함에 고급스러움이 더해졌다. 아울러 기단 부분에 사용한 사비석과 라임스톤, 주택 벽면의 스터코플렉스가 질감이나 색상면에서 조화롭게 어우러진다. 창문 사이에 주택을 떠받치듯 서 있는 커다란 라임스톤 기둥이 그리스 시대의 파르테논 신전을 떠올리게 한다. 이와 더불어 지중해풍 기와와 아치형 창호가 주택의 특성을 정의내리듯 시선을 사로잡는다. 이러한 요소들은 그만큼 오랜 시공시간과 기술력을 필요로 한 작업이었다. 대문을 열고 들어서면 나란히 놓인 라임스톤 기둥과 커다란 부채꼴 계단이 손님을 맞이한다. 사비석 판재로 마감한 계단을 올라 원목으로 제작된 큰 현관문을 열고 들어가면 다시 오픈형 계단이 방문자를 반겨준다.

지하는 영화감상 및 취미실, 지하주차장, 칵테일바 등으로 구성되었다. 1층은 커다란 거실과 화장실, 다이닝룸, 주방이 배치되었는데, 특이하게 방이 없다. 공적인 공간과 사적인 가족들의 침실을 분리하여 설계한 것이다. 실내 입구에 들어서면 가장 먼저 반기는 아치 계단은 2층까지 오픈식으로 되어 있는데, 마호가니 색상 계단으로 중후한 느낌을 풍긴다. 거실에는 인테리어 패널과 고급스러운 벽난로와 커다란 라운드 창호들이 조화를 이룬다. 거실의 커다란 기둥은 2층의 하중을 받치는 역할에도 충실한데, 전체적인 인테리어 콘셉트를 해치지 않는 범위에서 여느 갤러리를 연상케 하는 오브제로 자리 잡았다. 부드럽게 이어지는 계단 난간의 손스침을 따라 올라간 2층 안방에는 커다란 욕조와 베드룸을 둘러싼 아치형 창호들이 매일 고급 호텔에 온 듯한 일상을 안겨준다.

정면도

우측면도

배면도

좌측면도

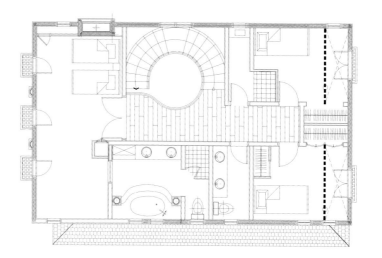

2층 평면도

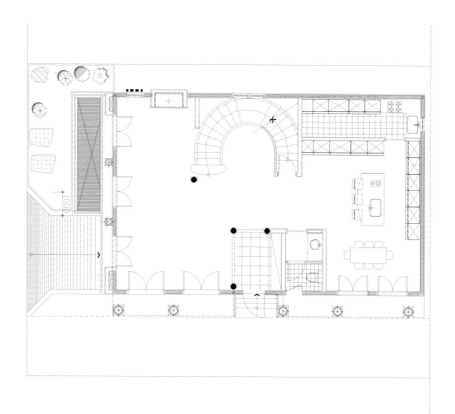

1층 평면도

REINFORCED CONCRETE + WOOD FRAME HOUSE

품위 있는 그 집
클래식 하우스

HOUSE PLAN

대지위치 : 경기도 성남시 분당구 / 대지면적 : 263.8㎡(79.80평) / 건물규모 : 지하 1층, 지상 2층 / 거주인원 : 4명(부부 + 자녀 2) / 건축면적 : 125.63㎡(38평) / 연면적 : 292.73㎡(88.55평) / 건폐율 : 47.62% / 용적률 : 79% / 주차대수 : 2대 / 최고높이 : 11.74m / 구조 : 기초 - 철근콘크리트, 지상 -경량목구조(더글라스 구조재, 외벽 2×6) / 단열재 : 크나우프 에코배트 가등급 그라스울, 비드법단열재 1종1호 150mm, 100mm / 외부마감재 : 벽 - 스터코, 라임스톤(시공사 발주 제작), 지붕 - 포르투칼 CS U형 기와 / 창호재 : Andersen window(미국산) / 열회수환기장치 : SSK DP250 / 설계 : 네이처스페이스

INTERIOR SOURCE

내부마감재 : 벽 - 던에드워드 페인트 _ 바닥 - 원목마루 / 욕실 및 주방 타일 : 이탈리아 수입 비안코 타일 / 수전 등 욕실기기 : 아메리칸스탠다드, 콜러 / 주방 가구·붙박이장 : 시공사 직발주 디자인 제작 / 조명 : GENERATION LIGHTING, PROGRESS LIGHTING / 계단재·난간 : LJ스미스 미국 계단재 OAK STAIR PARTS 현관문 : 8MAHOGANY SEGMENT, TOP ENTRY DOOR(수입 제작도어), EMTEK LOCK SET / 중문 : 제작 중량도어 / 방문 : DOUGLAS FIR FRENCH DOOR 제작 도어, 도장 마감 / 데크재 : 사비석

뒤로는 청계산과 금토산이 펼쳐지고 앞으로는 운중천이 흐르는 곳. 서울과 접근성까지 좋은 판교 운중동 대지는 지하 주차장 설치까지 가능한 이점이 있었다. 은퇴 후 자녀들과 함께 이곳에 새로 자리 잡게 된 건축주 부부는 미국식 목조주택 스타일로 개방감 있는 거실과 높은 층고의 생활공간이 있는 집을 꿈꿨다. 그렇게 완성된 집은 은은하고 고급스러운 색감의 스터코와 라임스톤으로 외관을 마감해 품격 높은 주택 디자인의 정수를 보여준다. 특히 현관부에 적용된 라임스톤은 시공사에서 직접 설계해 발주한 자재로, 그 무게를 지탱할 수 있는 구조 설계와 시공이 매우 중요하다. 구조재부터 내장재까지 주택에 적용된 자재 대부분이 미국에서 수입한 제품인데, 시공사가 직수입하여 비용을 절감하면서도 품질은 높일 수 있었다.

우아하고 웅장한 현관을 지나 집 안으로 들어가면 탁 트인 거실이 펼쳐지고 두 계단 위로 넓은 주방과 다이닝이 자리한다. 앤티크하면서도 세련된 인테리어가 미국의 한 가정집을 방문한 듯한 분위기다. 거실을 비롯한 공용공간과 계단실은 2층까지 오픈되어 있어 식구들이 넓은 집에 각자 흩어져 있어도 늘 함께 있는 것처럼 느낄 수 있다. 부부를 위한 안방은 1층에 두어 외출과 내부 생활 동선의 편의를 더했고, 오픈된 2층 홀에는 작은 소파를 두어 소거실이나 휴식공간으로 활용할 수 있게 했다.

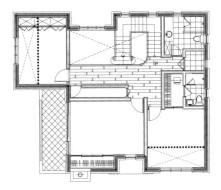

2층 평면도

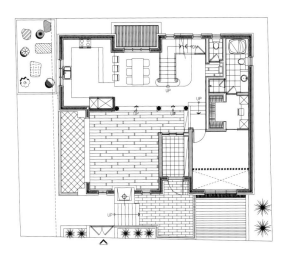

1층 평면도

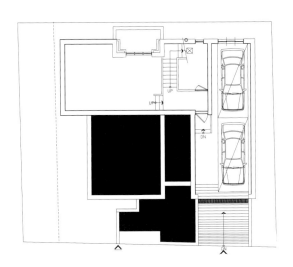

지하층 평면도

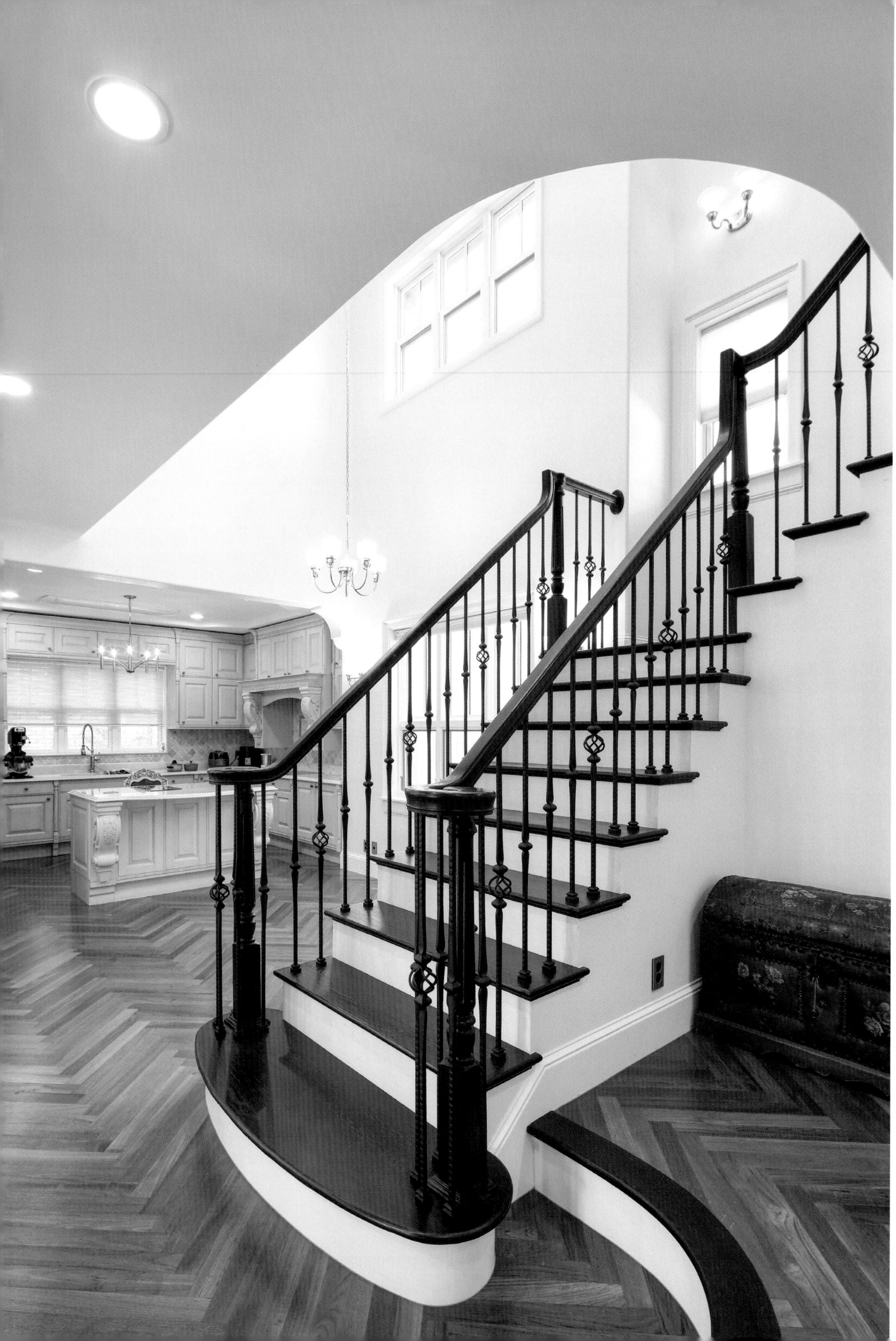

REINFORCED CONCRETE + WOOD FRAME HOUSE

고품격 스텝 업
플로어링과 아치형 계단

HOUSE PLAN

대지위치 : 경기도 성남시 분당구 / 대지면적 : 263.90㎡ / 건축면적 : 131.38㎡ / 연면적 : 325.35㎡(1층-110.60㎡ _ 2층-99.28㎡ _ 지하-115.47㎡) / 건폐율 : 49.78% / 용적률 : 79.53% / 주차대수 : 2대 / 최고높이 : 12.10m / 구조 : 기초-철근콘크리트조, 지상-경량목구조 2×6 구조목재 _ 미국산 더글러스, 아이조이스트, 공학목재 빔 / 단열재 : 미국산 에코단열재(벽-R19 _ 지붕-R37) / 외부마감재 : 외벽-미국식 시멘트 스터코 베리언스 마감, 수입 라임스톤 _ 외단열-스카이텍 10㎜ _ 미국 CDX 천연합판 _ 지붕-스페니쉬 유형기와 / 담장재 : 에메랄드 그린 / 창호재 : 미국 앤더슨 창호 / 철물하드웨어(목조주택에 한하여) : 심슨 스트롱 타이, 탐린, 메가타이 / 열회수환기장치 : 미국산 열교환장치 / 에너지원 : 도시가스, 태양열전기 / 조경석 : 사비석 / 공사기간 : 1년 4개월 / 설계 : 네이처스페이스

INTERIOR SOURCE

내부마감재 (벽 · 바닥 · 천장) : 내부 전체 미국산 던 에드워드 천연페인트 _ 바닥-수입 티크 원목마루(헤링본) _ 타일-이태리 타일 / 욕실 및 주방 타일 : 이태리 타일 / 수전 등 욕실기기 : 수전-미국 / 주방가구 : 미국 수입 / 거실가구, 식탁 : 미국, 이태리 수입 / 조명 : 이태리 수입 / 거실 : 미국 수입 / 아이방 가구 : 유럽 수입 / 계단재 및 난간 : 미국 오크원목, 라운드 핸드레일 오크 / 현관문 : 미국 마호가니 원목도어 / 중문 : 미국 수입 도어 / 방문 : 미국 수입 도어(높이 2,400㎜) / 붙박이장 : 디자인 제작 / 데크재 : 사비석 잔다듬

정면도

우측면도

인도를 접한 부지에는 주차장을 포함한 지하 공간을 확보한 주택이 자리했다. 건축주가 바랐던 규모와 스타일의 정원이 최대한 반영된 단독주택에는 사면으로 지중해풍의 중후한 디자인이 적용되었다. 길가에서 대번에 눈에 띄는 이 주택은 라임스톤과 스터코플렉스를 조합하여 외장을 마감하였다. 특히나 라임스톤이 벽면에 적절하게 사용되어 웅장해 보이는데, 전체적으로 클래식한 주택 분위기와 잘 어울린다. 정원을 구획하는 하부를 마감한 비정형 사비석은 잘 꾸며진 단독주택을 위한 적절한 선택이었다. 여기에 벽면의 가장 많은 부분을 차지하는 아이보리 색상의 스터코플렉스가 전체 외관의 배경처럼 안정감 있게 떠받친다. 외부에서는 아치형 창호와 더불어 좀처럼 보기가 쉽지 않은 타원형 창호가 색다른 조형미로 시선을 사로잡는다. 사비석이 깔린 데크는 건축주 부부가 차 한 잔 나누며 잘 꾸며진 정원을 내려다보기에 좋은 자리에 위치시켰다.

지하 공간은 서재와 지하주차장으로 이루어져 있다. 정원을 끼고 올라가는 사비석 계단 위에는 마호가니 원목 현관문이 자리한다. 현관에서 중문을 열고 들어가면 스텝 업 플로어링(Step up flooring)으로 이루어진 거실과 다이닝룸 그리고 2층으로 연결되는 라운드형 계단이 나타난다. 어떤 구조이든 곡선으로 마감하는 공정은 난이도가 높고 시공 자체가 까다로워 숙련된 기술력을 필요로 한다. 시각적으로 공간을 구분해주는 효과가 있는 스텝 업 플로어링. 거실이 현관보다 두 계단 낮아 아늑한 느낌인 데다 자칫 평범해 보일 수 있는 공간을 심미적으로 만들어주는 효과가 있다. 여기에 컬러풀한 가구와 앤티크하면서도 유니크한 메인 조명이 내부의 완성도를 높여준다.

1층은 넓은 거실과 게스트용 화장실, 게스트룸, 다이닝룸으로 채워졌다. 이 중에 게스트룸과 다이닝룸은 현관 보다 두 계단 높은 위치에 자리한다. 오픈 형태의 연결 통로 구간을 시각적으로 나눔으로써 더욱 역동적인 느낌이다. 바닥은 헤링본 패턴의 원목마루로 마감하였고, 바닥 높이를 나누는 두 계단 부분에는 마호가니 원목재를 덧대 시각적으로 확연하게 구분이 된다. 계단을 따라 2층으로 올라가면 자녀방 2개와 드레스룸, 큰 화장실이 딸린 안방이 자리해 있다.

CLASSIC HOUSE _ NATURE SPACE

REINFORCED CONCRETE + WOOD FRAME HOUSE

클래식한 분위기로
시선을 잡는 목조주택

HOUSE PLAN

대지위치 : 경기도 성남시 분당구 / 대지면적 : 247.80㎡ / 건축면적 : 123.51㎡ / 연면적 : 271.24㎡(1층-113.07㎡ _ 2층-107.44㎡ _ 지하-50.73㎡) / 건폐율 :
49.78% / 용적률 : 88.99% / 주차대수 : 2대 / 최고높이 : 12.81m / 구조 : 기초-철근콘크리트조, 지상-경량목구조 2×6 구조목재 _ 미국산 더글러스, 아이조이스
트, 공학목재 빔 / 단열재 : 미국산 에코단열재(벽-R19 _ 지붕-R37) / 외부마감재 : 외벽-미국식 시멘트 스터코 베리언스 마감, 수입 라임스톤 _ 외단열-스카이텍 10
㎜ _ 미국 CDX 천연합판 _ 지붕-수입 S형 기와(포르투갈) / 담장재 : 에메랄드 그린 / 창호재 : 미국 앤더슨창호 / 철물하드웨어(목조주택에 한하여) : 심슨 스트롱 타
이, 탐린, 메가타이 / 열회수환기장치 : 미국산 열교환장치 / 에너지원 : 도시가스, 태양열전기 / 조경석 : 사비석 잔다듬 / 공사기간 : 1년 / 설계 : 네이처스페이스

INTERIOR SOURCE

내부마감재(벽 · 바닥 · 천장) : 내부 전체 미국산 던 에드워드 천연페인트 _ 바닥-수입 티크 원목마루(헤링본) _ 타일-이태리 타일 / 욕실 및 주방 타일 : 수입 대리석
및 이태리 타일 / 수전 등 욕실기기 : 이태리, 국산 / 조명 : 미국 수입 / 계단재 및 난간 : 미국 오크원목, 핸드레일 오크 / 현관문 : 미국 마호가니 원목도어 / 방문 :
미국 수입 / 붙박이장 : 디자인 제작 / 데크재 : 사비석 잔다듬

정면도

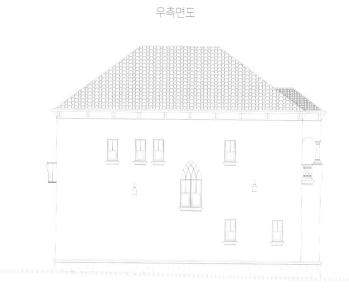

우측면도

좌측면도

주택은 풍경 좋은 판교의 운중천변에 자리했다. 산책로가 인접해있고, 바로 앞 운중천 건너에는 상가가 위치하였다. 클래식한 형태의 목조주택은 스터코플렉스와 라임스톤 조합에 포르투갈산 S형 기와가 얹히면서 전형적인 지중해풍 스타일로 완성되었다. 천변에서 바라보는 주택 풍경은 특히나 주변 자연경관과 잘 어우러지는 모습이다. 응집된 형태로 견고해 보이는 주택은 산뜻한 외장 컬러가 정원과 잘 어울린다. 주택 중앙부에는 사비석으로 마감한 데크가 자리해 있다.

지하에는 서재가 있고, 1층에는 커다란 창고와 거실, 다이닝룸을 두었다. 현관에 들어서면 산뜻한 풀내음이 가득한데 잘 가꾸어진 화초가 집안 곳곳을 채우고 있다. 채광이 잘 드는 창문과 내부 환경이 식물을 가꾸기에 더없는 환경을 제공한다. 오픈 형태의 1층에는 거실과 다이닝룸이 마주하고, 그 중앙부에 데크가 자리한다. 다이닝룸을 감싸고 있는 큰 창호로 보이는 사비석 데크는 외부에선 보이지 않는 프라이빗한 공간을 선사한다. 마호가니 원목 계단을 통해 2층에 이르면 2개의 자녀방과 발코니가 딸린 안방이 자리한다. 자녀방에는 운중천의 풍경을 한눈에 담을 수 있는 큰 창과 화분대가 설치되어 있다. 계절마다 바뀌는 풍광과 해 질 녘 하나씩 불이 들어오는 운중천의 다리들이 멋진 뷰를 선물해준다.

REINFORCED CONCRETE + WOOD FRAME HOUSE

사면으로 조형미가 인상적인 목조주택

HOUSE PLAN
대지위치 : 경기도 성남시 분당구 / 대지면적 : 254㎡ / 건축면적 : 116㎡ / 연면적 : 294㎡(1층-116㎡ _ 2층-102㎡ _ 지하-76㎡) / 건폐율 : 49.99%(법정 50%) / 용적률 : 78.89%(법정 80%) / 주차대수 : 2대 / 최고높이 : 12m / 구조 : 기초-철근콘크리트조, 지상-경량목구조 2×6 구조목재 _ 미국산 더글러스, 아이조이스트, 공학목재 빔 / 단열재 : 미국산 에코단열재(벽-R19 _ 지붕-R37) / 외부마감재 : 외벽-미국식 시멘트 스터코 마감, 수입 라임스톤 _ 외단열-스카이텍 10㎜ _ 미국 CDX 천연합판 _ 지붕-유형기와(포르투칼) 5단 쌓기 / 담장재 : 에메랄드 그린 / 창호재 : 미국 앤더슨 창호 / 철물하드웨어(목조주택에 한하여) : 심슨 스트롱 타이, 탐린, 메가타이 / 열회수환기장치 : 미국산 열교환장치 / 에너지원 : 도시가스, 태양열전기 / 조경석 : 사비석 / 공사기간 : 1년 2개월 / 설계 : 네이처스페이스

INTERIOR SOURCE
내부마감재(벽 · 바닥 · 천장) : 내부 전체 미국산 던 에드워드 천연페인트 _ 바닥-수입 티크 원목마루(헤링본) _ 타일-이태리, 미국 타일 / 욕실 및 주방 타일 : 이태리, 미국, 스페인 타일 / 수전 등 욕실기기 : 수전-미국, 이태리, 독일 / 주방가구 : 미국 수입 / 거실가구, 식탁 : 미국 수입 / 조명 : 미국, 이태리, 터키, 스페인, 프랑스 수입 / 계단재 및 난간 : 미국 오크원목, 오크(LJ 스미스) / 현관문 : 미국 마호가니 원목도어(높이 2,400×950㎜) / 중문 : 미국 수입 도어 / 방문 : 미국 수입 도어 (높이 2,400㎜) / 붙박이장 : 디자인 제작 / 데크재 : 사비석 잔다듬

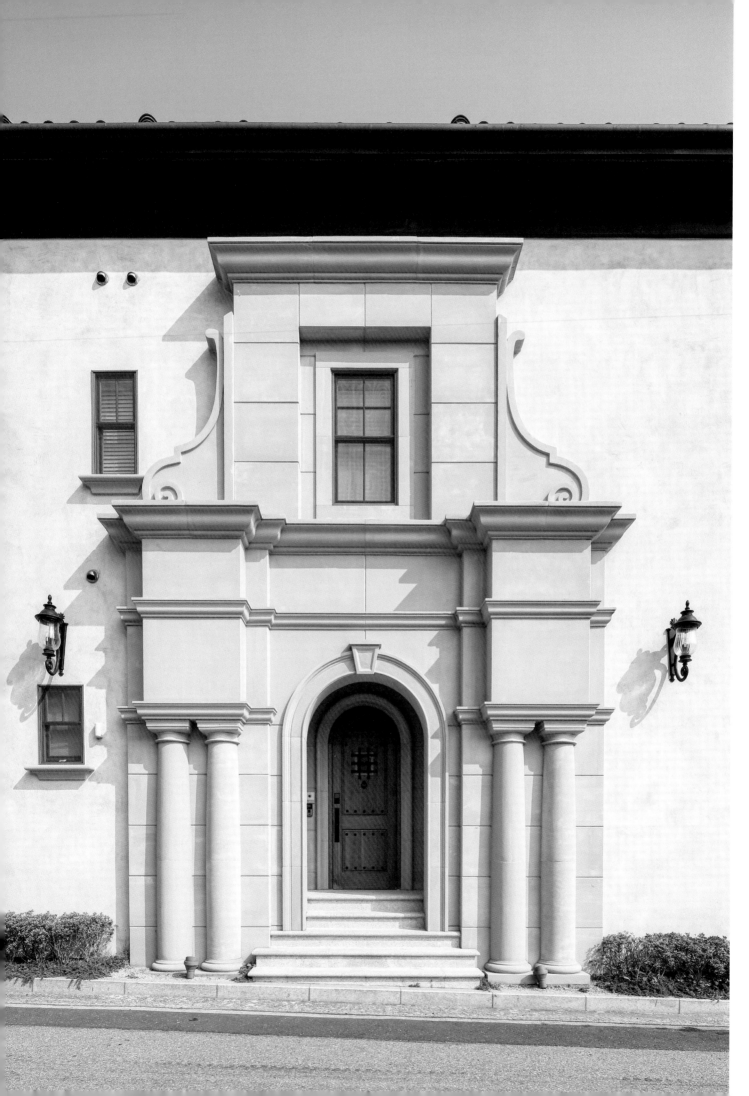

남측면도

단면도

큰 도로나 상권과는 거리를 두고 있는 조용한 주택가에 자리 잡았다. 두 면이 인접 대지와 접한 가운데, 나머지 면은 택지 내 작은 도로를 끼고 있는 모서리 주택이다. 건축주 부부는 오랫동안 미국에서 생활해 온 만큼 클래식한 저택 느낌의 스타일을 희망했다. 현관에 들어설 때부터 왠지 기대감을 갖게 만들고, 큰 나무를 심은 푸르른 정원과 함께 하는 가족들만의 아늑한 야외 공간을 갖고 싶어 했다. 미국식 목조주택을 뼈대로 단열 성능이 좋은 앤더슨 창호를 적용하였다. 현관 앞에 서면 웅장한 라임스톤 장식이 손님을 맞이하는 가운데, 현관 계단은 사비석 판재로 고급스러움을 표현했다. 현관을 네 계단 올라서면 원목 앤트리 도어에 브론즈 컬러의 앤티크한 손잡이가 시선을 사로잡는다. 외장 마감은 스터코플렉스를 선택했다. 아이보리 베이스에 자연스럽게 그려진 문양이 주택을 더욱 돋보이게 하고, 겹겹이 쌓인 지중해풍 기와의 중후한 멋이 외관에 마침표를 찍는다. 외부 정원에는 커다란 백일홍 나무와 잔디정원이 어우러진다. 이웃 대지와 접하는 경계면에는 높이 자라는 측백나무를 식재하였다. 정원 한켠 사비석으로 마감한 데크는 가족들과 오붓한 바비큐 파티를 즐기기에 적당하다.

이 집 지하층에는 시네마룸과 서재를 두었다. 습한 느낌을 줄이기 위해 열교환장치를 설치하였다. 시네마룸 벽면은 아이보리 컬러의 패브릭 패널과 천연페인트를 조합하여 마감하였다. 가족 구성원들에게는 각자의 침실이 배치되었다. 1층은 게스트룸과 게스트 화장실, 그리고 커다란 거실과 다이닝룸이 위치한다. 특히나 현관과 거실이 오픈 형태로 되어 있어 공간이 더욱 개방감 있어 보인다. 현관에서 실내로 들어서면 사방이 트인 거실이 나타난다. 정원이 내다보이는 커다란 아치형 창호가 이국적이면서도 고전적인 느낌이다. 거실의 케이스먼트 라운드 창호를 열어젖히면 백일홍이 가득 필 무렵 꽃내음이 다이닝룸까지 퍼질 듯하다.

헤링본 형태의 원목 마루와 화사한 아이보리 페인팅으로 꾸며진 실내는 미국에서 가져온 전구색 램프의 조명이 더해지면서 더욱 로맨틱하고 럭셔리하다. 거실은 창호가 큰 편이라 채광이 좋고 환기가 잘 된다. 대리석으로 마감된 벽난로는 매립되어 공간 차지가 적고, 한겨울 보조난방으로도 그 역할을 톡톡히 해낸다. 다이닝룸은 시공사에서 직접 디자인하고 제작 발주한 클래식한 가구들로 채워졌다.

주방에는 아일랜드 상판재인 브라질산 심해석이 금빛을 뽐낸다. 주방은 공간을 넉넉하게 마련하여 작업 동선에 불편함이 적고, 바로 옆으로 보조주방을 마련하여 각종 주방 살림 수납도 편리하다. 2층에 위치한 안방은 외국 영화에서나 나올 법한 인테리어를 갖췄다. 침대맡 그레이톤의 웨인스코팅으로 꾸며진 벽면이 클래식하면서도 모던한 느낌이다. 안방 옆에 위치한 욕실은 건식과 습식으로 공간이 나뉜다. 샤워실이 습식으로 분리되어 간편한 이용이 가능하고, 건식공간에는 세련된 가구가 함께 배치되어 있다. 욕조 주변 공간에도 로조알리칸테 대리석을 사용해 욕실 인테리어를 통일감 있게 꾸몄다.

109

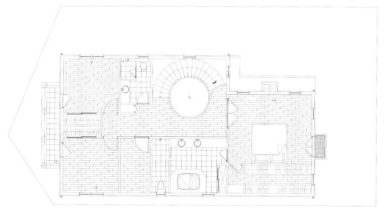

2층 평면도

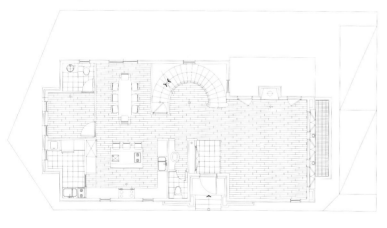

1층 평면도

REINFORCED CONCRETE + WOOD FRAME HOUSE

앤티크하면서도
고급스러운 실내 인테리어

HOUSE PLAN

대지위치 : 경기도 성남시 분당구 / 대지면적 : 254.60㎡ / 건축면적 : 93.32㎡ / 연면적 : 325.35㎡(1층-93.32㎡ _ 2층-108.54㎡ _ 지하-56.39㎡) / 건폐율 : 49.82%(법정 50%) / 용적률 : 78.89%(법정 80%) / 주차대수 : 2대 / 최고높이 : 12m / 구조 : 기초-철근콘크리트조, 지상-경량목구조 2×6 구조목재 _ 미국산 더글러스, 아이조이스트, 공학목재 빔 / 단열재 : 미국산 에코단열재(벽-R19 _ 지붕-R37) / 외부마감재 : 외벽-미국식 시멘트 스터코 마감, 수입 라임스톤 _ 외단열-스카이텍 10㎜ _ 미국 CDX 천연합판 _ 지붕-유형기와(포르투칼) 5단 쌓기 / 담장재 : 에메랄드 그린 / 창호재 : 미국 앤더슨 창호 / 철물하드웨어(목조주택에 한하여) : 심슨 스트롱 타이, 탐린, 메가타이 / 열회수환기장치 : 미국산 열교환장치 / 에너지원 : 도시가스, 태양열전기 / 조경석 : 사비석 / 공사기간 : 1년 4개월 / 설계 : 네이처스페이스

INTERIOR SOURCE

내부마감재(벽 · 바닥 · 천장) : 내부 전체 미국산 던 에드워드 천연페인트 _ 바닥-수입 티크 원목마루(헤링본) _ 타일-이태리 타일 / 욕실 및 주방 타일 : 이태리 타일 / 수전 등 욕실기기 : 수전-미국 / 주방가구 : 미국 수입 / 거실가구, 식탁 : 미국, 이태리 수입 / 조명 : 이태리 수입 / 거실 : 미국 수입 / 아이방 가구 : 유럽 수입 / 계단재 및 난간 : 미국 오크원목, 라운드 핸드레일 오크 / 현관문 : 미국 마호가니 원목도어 / 중문 : 미국 수입 도어 / 방문 : 미국 수입 도어(높이 2,400㎜) / 붙박이장 : 디자인 제작 / 데크재 : 사비석 잔다듬

어린이 공원과 운중천을 마주한 주택이다. 남쪽 한 면만 옆 대지와 나란히 서 있을 뿐 산책로는 물론 인도와도 대지가 맞닿아 공사 중에 소음과 분진 차단에 특히 신경 썼다. 오랜 아파트 생활에 지친 건축주는 자녀와 함께 건강한 생활을 누릴 수 있는 친환경 목조주택을 선택했다. 클래식하고 세련된 조형미가 인상적인 진입부의 라임스톤 장식과 앤티크한 라운드형 앤더슨 창호가 여느 주택과 구별되는 외관의 포인트이다. 외장은 스터코플렉스로 마감했다. 시간이 지나도 변함없는 외형을 유지하는 게 특성인데, 은은하게 배어나는 텍스쳐가 자연스럽다. 외부 정원에는 아담한 잔디정원이 자리한다. 데크 상단을 덮고 있는 기와를 얹힌 캐노피는 클래식한 외관을 더욱 멋지게 장식해준다.

지하공간에는 서재와 보일러실이 마련되었다. 1층은 게스트 화장실, 주차장 그리고 넉넉한 거실과 다이닝룸을, 2층에는 안방과 자녀방 2실과 더불어 편리하게 사용할 수 있는 간이 주방을 두었다. 헤링본 패턴의 원목마루와 벽면을 파스텔톤 천연페인트로 마감한 거실은 아늑한 느낌의 인테리어가 돋보인다. 현관에 들어섬과 동시에 다이닝룸까지 뻗어있는 내부 구조로 인해 한층 실내가 넓어 보인다. 안방 화장실은 물론 손님을 위한 화장실은 이태리 비앙코 타일로 고급스럽게 장식하였다. 이와 달리 자녀 화장실은 파스텔톤 타일을 가지고 다양한 색상 패턴으로 생기 있게 마감하였다.

정면도

우측면도

배면도

좌측면도

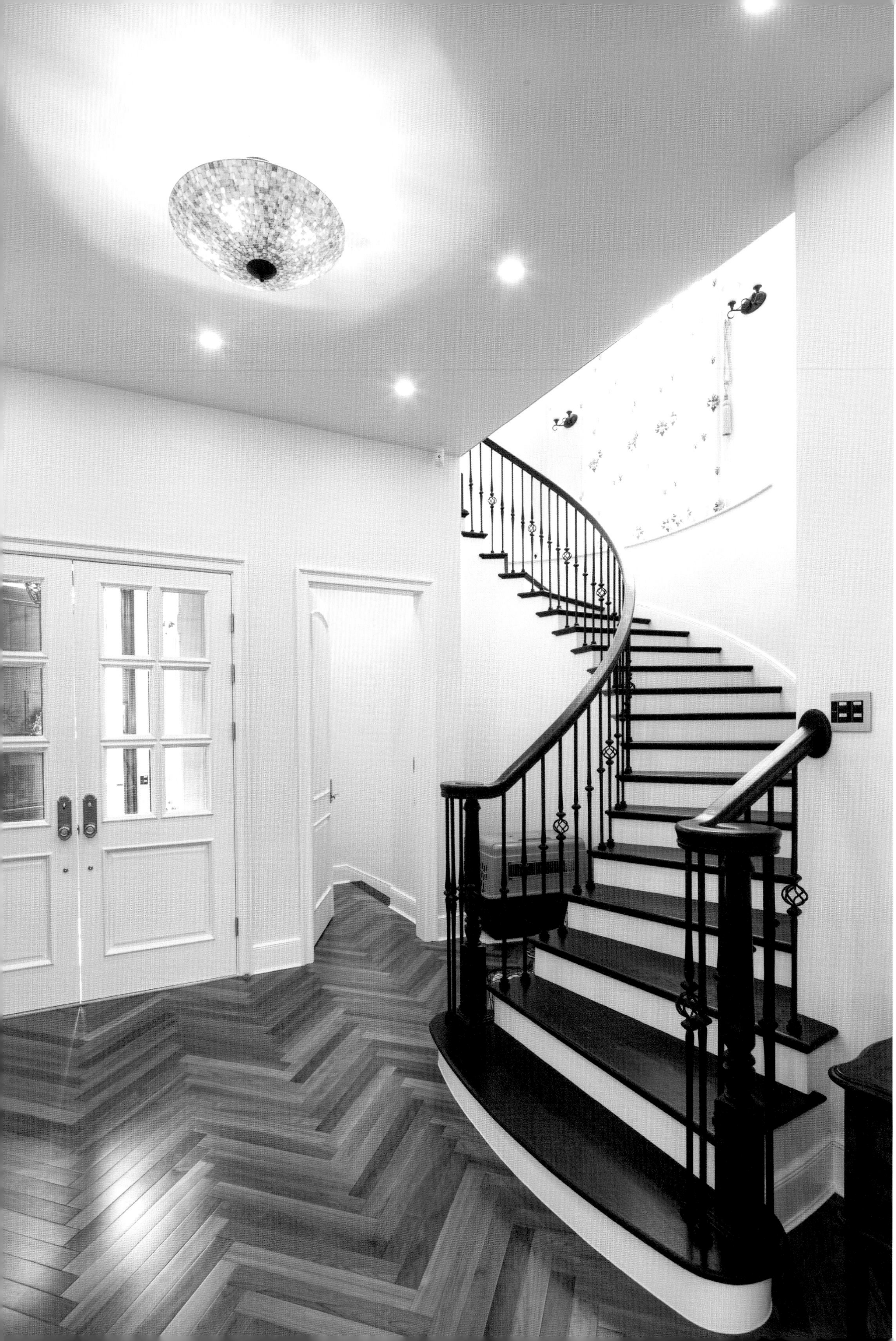

REINFORCED CONCRETE + WOOD FRAME HOUSE

응집된 견고함
고벽돌 목조주택

HOUSE PLAN

대지위치 : 경기도 성남시 분당구 / 대지면적 : 264.90㎡ / 건축면적 : 131.52㎡ / 연면적 : 292.16㎡(1층-125.67㎡ _ 2층-108.71㎡ _ 지하-57.79㎡) / 건폐율 : 49.65% / 용적률 : 88.48% / 주차대수 : 2대 / 최고높이 : 11.97m / 구조 : 기초-철근콘크리트조, 지상-경량목구조 2×6 구조목재 _ 미국산 더글러스, 아이조이스트, 공학목재 빔 / 단열재 : 미국산 에코단열재(벽-R19 _ 지붕-R37) / 외부마감재 : 외벽-고벽돌 _ 외단열-스카이텍 10㎜ _ 미국 CDX 천연합판 _ 지붕-평기와(포르투칼) / 담장재 : 에메랄드 그린 / 창호재 : 미국 앤더슨 창호 / 철물하드웨어(목조주택에 한하여) : 심슨 스트롱 타이, 탐린, 메가타이 / 열회수환기장치 : 미국산 열교환장치 / 에너지원 : 도시가스, 태양열전기 / 조경석 : 사비석 / 공사기간 : 1년 / 설계 : 네이처스페이스

INTERIOR SOURCE

내부마감재(벽 · 바닥 · 천장) : 내부 전체 미국산 던 에드워드 천연페인트 _ 바닥-수입 티크 원목마루(헤링본) _ 타일-이태리 타일 / 욕실 및 주방 타일 : 이태리 타일 / 수전 등 욕실기기 : 수전-미국 / 주방가구 : 미국 수입 / 조명 : 미국 수입 / 거실 : 미국 수입 / 계단재 및 난간 : 미국 오크원목, 오크 / 현관문 : 미국 수입 단조도어 / 중문 : 미국 수입 도어 / 방문 : 미국 수입 도어(높이 2,400㎜) / 붙박이장 : 디자인 제작 / 데크재 : 사비석 잔다듬

운중동은 판교 톨게이트와 인접해 서울로의 진출입이 손쉬운 데다 지하철 개통 예정지이기도 하다. 더구나 판교 주택단지 중에 가장 조용한 마을로 운중천을 앞에 두고 청계산을 배경으로 한 배산임수의 입지여건을 갖췄다. 주민센터와 병원, 상가 등 주요 생활편의시설과 개통 예정인 지하철역을 도보로 이용이 가능한 거리라 안락한 도심형 전원생활을 즐기기에 안성맞춤이다. 취미를 즐길 수 있는 라이프스타일과 프라이버시를 중시하는 건축주 부부는 목조주택을 새로 지었다. 오토바이와 자전거 등을 안전하게 보관할 수 있는 창고와 마음껏 음악을 감상하고 피아노나 기타도 치며 여가를 즐길 수 있는 공간을 원했다. 넉넉한 거실과 2층 각 침실과 거실, 주방, 여가 공간 등이 자연스럽게 합쳐지고 분리되면서 가족 구성원들의 개인적인 생활이 보장되는 설계안에 방점을 두었다.

미국식 친환경 목구조주택 구조로 결정했다. 단열 성능이 좋은 북미창호를 적용하였고, 층고가 높고 개방성이 강조되는 캘리포니아 주택 스타일을 콘셉트로 삼았다. 외장재는 고벽돌을 메인 외장재로 선택했는데, 고풍스럽고 단단해 보인다. 주택이 밀집된 지역이라 공사 중 분진을 막는 데 주력했다. 고벽돌 시공의 특성상 적색 분진이 많이 발생할 우려가 있었기 때문이다. 내구성이 좋은 외장재이지만 고벽돌은 습기에 약해 투습 방지를 위한 발수제가 반드시 시공되어야 한다. 더불어 창호와 각종 벤트 기밀에도 주의를 기울였다. 현관 부분에 포인트를 주기 위해 진입부를 사비석으로 가공해 시공했는데, 넓은 데크에 따른 현관과 거실 구조 배치가 공간의 개방감을 더했다. 사비석은 생산지에 따라 노란빛을 띠기 때문에 항시 온화한 느낌을 품을 뿐만 아니라 가공법에 따라 다양한 표현이 가능하다. 특히 내구성이 좋아 시공 후 시간이 지나도 변함없는 외관을 유지할 수 있다.

실내는 흰색의 천연페인트를 베이스로 하여 모던하고 깔끔한 느낌이다. 몰딩과 웨인스코팅으로 라인을 살리고 색상이 진한 가구를 배치해 고급스러운 느낌을 살렸다. 거실에 들어서면 헤링본 패턴의 원목마루 끝에 자리한 벽에 인입된 벽난로로 가장 먼저 시선이 옮겨간다. 곳곳에 설치된 볕이 잘 드는 거실 창호로는 시야에 막힘이 없다. 주방에서 거실까지 개방된 구조는 가족을 위한 유일한 공용공간이다. 1층에는 건축주 부부의 건강을 위한 헬스장과 외부 취미활동을 위한 별도의 창고가 마련되었다. 또한 지하실은 온전히 각종 취미를 즐길 수 있는 공간으로 구성하였다. 여느 집보다도 가족의 여가에 신경을 쓴 설계와 구성이다.

정면도   좌측면도

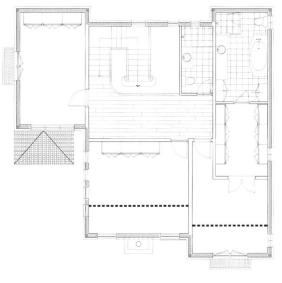

2층 평면도

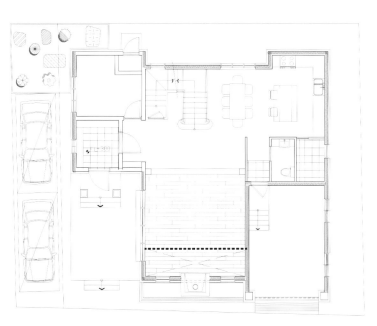

1층 평면도

REINFORCED CONCRETE + WOOD FRAME HOUSE

경사지를 활용한
3층 스틸하우스

HOUSE PLAN

대지위치 : 경기도 성남시 분당구 / 대지면적 : 260.70㎡ / 건축면적 : 128.13㎡ / 연면적 : 338.80㎡(1층-122.67㎡ _ 2층-123.98㎡ _ 지하-122.67㎡) / 건폐율 : 49.15% / 용적률 : 82.90% / 주차대수 : 2대 / 최고높이 : 12.99m / 구조 : 기초-철근콘크리트조, 지상-스틸하우스 2×6 스틸스터드 / 단열재 : 미국산 에코단열재(벽-R19 _ 지붕-R37) / 외부마감재 : 외벽-수입고벽돌 _ 외단열-스카이텍 _ 지붕-S형 기와(포르투칼) / 담장재 : 에메랄드 그린 / 창호재 : 미국 앤더슨 창호 / 열회수환기장치 : 미국산 열교환장치 / 에너지원 : 도시가스, 태양열전기 / 조경석 : 사비석, 고벽돌 / 공사기간 : 1년 / 설계 : 네이처스페이스

INTERIOR SOURCE

내부마감재(벽·바닥·천장) : 내부 전체 미국산 던 에드워드 천연페인트 _ 바닥-독일 강화마루 _ 타일-이태리 타일 / 욕실 및 주방 타일 : 수입 대리석 및 이태리 타일 / 수전 등 욕실기기 : 이태리 수입, 국산 / 주방가구 : 한샘 / 조명 : 수입 / 계단재 및 난간 : 미국 오크원목, 핸드레일 오크 / 현관문 : 미국 마호가니 원목도어 / 방문 : 국산 무늬목 도어 / 붙박이장 : 디자인 제작 / 데크재 : 사비석 잔다듬, 고벽돌

정면도

우측면도

배면도

좌측면도

주택이 자리한 입지는 판교 IT밸리 1~3구역 센터에 둘러싸여 교통과 교육, 생활인프라가 잘 갖춰져 있다. 계절마다 바뀌는 주변 자연경관도 좋다. 건축주는 개인사업을 하는 젊은 부부이다. 적재적소의 수납공간과 창고로 활용할 수 있는 지하 공간, 내부에 차를 주차할 수 있는 차고를 희망했다. 현관에 들어서면 차고와 창고로 바로 진입할 수 있는 문이 있어 짐을 가지고 드나들기가 수월하다. 해당 토지는 지하층이 가능한 대지로 현관문이 대지 특성상 지하층에 자리한다. 그렇지만 현관 구역이 지하라기보다는 1층 같은 느낌이 강하고, 쾌적하며 시원하다.

단열이 강조된 미국식 패시브 앤티크하우스를 콘셉트로 삼았다. 창을 많이 두어 빛이 잘 들고 개방감이 좋다. 손님이 왔을 때도 가족 구성원과 동선이 겹치지 않도록 최상층에 침실을 두고 1층에는 손님방과 거실, 주방을 배치하였다. 침실층에는 넓은 발코니와 미니 거실, 간이 주방을 설치하여 간단한 조리도 할 수 있게 편의성을 높였다. 계단실은 지하층부터 최상층까지 오픈형 구조로 설계되어 자연광이 지하층까지 스며든다. 외장재는 고벽돌을 선택하였다. 특유의 고풍스럽고 견고한 느낌이 특징이다. 고벽돌은 선호도가 높은 벽돌로 주변환경과 잘 어우러지며 미관상 무게감이 있다. 기본적으로 흙이 주원료이기 때문에 화학적 물질이 노출되지 않는다는 이점이 있고, 내구성이 좋아 유지보수도 특별하게 신경을 쓸 게 없다.

북미산 앤더슨 창호를 채택하였는데, 불필요한 에너지 소모를 줄이고 아치형 창호도 사용하여 고급스러운 느낌을 살렸다. 거실에서 외부정원까지 개방감이 좋아 커피 한 잔 마시며 계절의 변화를 감상하기에 좋다. 인테리어 콘셉트는 앤티크한 디자인을 기본으로, 이와 어울리도록 건축주가 가지고 있는 가구와 소품을 최대한 활용하였다. 1층에 주방과 거실을 배치하여 손님이 방문해도 개인 생활 노출이 적은 데다 게스트룸과 작업실, 화장실 등도 분리되어 있다.

2층 평면도

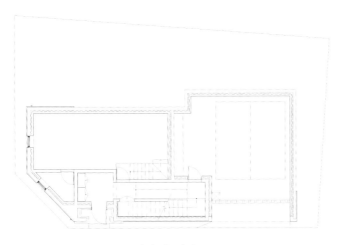

1층 평면도

지하 1층 평면도

REINFORCED CONCRETE + WOOD FRAME HOUSE

앤티크와 모던이
배합된 친 환경 주택

HOUSE PLAN

대지위치 : 경기도 성남시 분당구 / 대지면적 : 239.20㎡ / 건축면적 : 119.26㎡ / 연면적 : 327.12㎡(1층-118.35㎡ _ 2층-94.62㎡ _ 지하-114.15㎡) / 건폐율 : 49.86% / 용적률 : 89.03% / 주차대수 : 2대 / 최고높이 : 12.95m / 구조 : 기초-철근콘크리트조, 지상-경량목구조 2×6 구조목재 _ 미국산 더글러스, 아이조이스트, 공학목재 빔 / 단열재 : 미국산 에코단열재(벽-R19 _ 지붕-R37) / 외부마감재 : 외벽-고벽돌, 미국식 시멘트스터코 마감 _ 외단열-스카이텍 10㎜ _ 미국 CDX 천연합판 _ 지붕-평기와(포르투칼) / 담장재 : 에메랄드 그린 / 창호재 : 미국 앤더슨 창호 / 철물하드웨어(목조주택에 한하여) : 심슨 스트롱 타이, 탐린, 메가타이 / 열회수환기장치 : 미국산 열교환장치(지하) / 에너지원 : 도시가스, 태양열전기 / 조경석 : 사비석 / 공사기간 : 1년 / 설계 : 네이처스페이스

INTERIOR SOURCE

내부마감재(벽 · 바닥 · 천장) : 내부 전체 미국산 던 에드워드 천연페인트 _ 바닥-수입 오크 원목마루 _ 타일-이태리 타일 / 욕실 및 주방 타일 : 이태리 타일 / 수전 등 욕실기기 : 수전-미국, 이태리 / 주방가구 : 이태리 수입 / 조명 : 미국 수입 / 거실 : 미국 수입 / 계단재 및 난간 : 미국 오크원목, 오크 / 현관문 : 미국 마호가니 원목도어 / 중문 : 미국 수입 도어 / 방문 : 미국 수입 도어(높이 2,400㎜) / 붙박이장 : 리바트 제작 / 데크재 : 사비석 잔다듬

정면도

우측면도

배면도

좌측면도

주택은 백현동 카페거리에 도보로 1~2분이면 닿을 수 있는 거리에 위치한다. 집 앞에 공원이 있고 각종 학교와 판교IC, 현대백화점도 가까운 생활, 교육, 교통까지 두루 편리한 인프라를 갖췄다. 미국에서 생활하다가 귀국한 자녀와 함께 거주하기 위한 주택으로 단열이 잘되는 목조주택을 선택했다. 층고가 높고 항상 볕이 잘 드는 설계와 각종 마감재에서 배출되는 독성을 최소화할 수 있는 친환경 주택을 희망했다. 외장재는 견고한 느낌의 벽돌을 기단부에 사용하고, 모던한 느낌을 주기 위해 그레이톤의 스터코플렉스와 평기와를 활용했다. 스터코플렉스는 단열 성능이 좋은 외장재로 다양한 색상을 소화할 수 있고, 평기와는 방수 및 방풍에 강점이 있다. 또한 일반 스페니쉬 기와보다는 모던한 분위기에 잘 어울린다. 이밖에 단열 성능이 좋은 북미 창호를 적용하였고, 실내는 소나무 벽지와 원목마루 등 최대한 친환경 소재로 마감하였다.

경사지를 활용한 지하층은 취미실과 지하주차장을 두었다. 취미실에는 습기에 대비한 열환기장치를 설치함과 동시에 드라이창을 크게 내 공기순환이 원활하다. 기본적으로 지하주차장을 갖추고 있으면 훗날 집을 매매하는 경우에 훨씬 유리하다. 다만, 지하주차장을 위한 사전 작업을 하면서 공사에 애로점이 따랐다. 인접 주택이 대지 경계를 넘어서 문제 해결에 시간이 걸렸고, 대지 경사가 다소 심해 배수에 신경을 써야 했다.

1층은 게스트룸과 화장실을 제외하고는 넓은 거실과 다이닝룸으로 채웠다. 거실은 멋들어진 벽난로와 흰색 창호로 따뜻한 분위기가 연출된다. 채광이 좋고 환기가 잘되어 항시 실내가 쾌적하다. 대리석으로 마감된 벽난로에 모닥불을 피우고 가족과 함께하는 일상은 전원주택을 꿈꾸는 사람이라면 누구나 상상해본 장면이 아닐까. 다이닝룸은 이태리 가구로 꾸며졌다. 화이트대리석과 인조석을 조합한 아일랜드와 주방 개수대는 모던한 느낌이고, ㄷ자 형태의 넓은 공간으로 넉넉하게 구성되어 동선에 불편함이 없다. 메인 주방에는 인덕션을, 보조주방에는 가스레인지를 설치하였는데, 사용자 편의를 감안한 설계이다. 거실과 다이닝룸 사이에는 중정이라 할 수 있는 공간을 벽돌로 마감하여 다양한 외부 활동이 가능하다. 전면에 개방감 있는 큰 창과 발코니를 통해 백현동 주택단지와 카페거리의 풍경을 만끽할 수 있다. 특히나 전면에 있는 넓은 공원을 통해 사계절의 변화를 만끽할 수 있다.

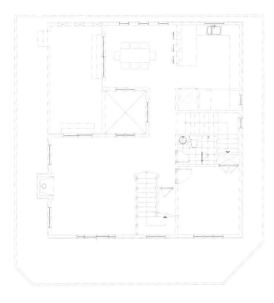

1층 평면도

2층 평면도

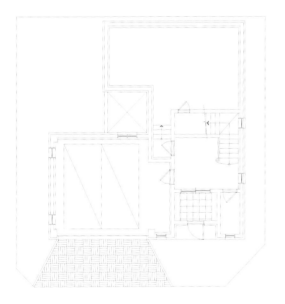

지층 평면도

REINFORCED CONCRETE + WOOD FRAME HOUSE

지중해풍 스타일 자유분방한 매력의 고급주택

HOUSE PLAN
대지위치 : 경기도 성남시 분당구 / 대지면적 : 231㎡(70평) / 건물규모 : 지상 3층 / 연면적 : 326.7㎡(99평) / 주차대수 : 3대 / 최고높이 : 10m / 공법 : 기초 - 콘크리트, 지상 - 스틸하우스 / 구조재 : 스틸 아연도 강판 / 지붕재 : 테릴 기와 / 단열재 : 인슐레이션(미국) / 외벽마감재 : 스터코플렉스 / 창호재 : 앤더슨 창호(미국) / 설계 : 네이처스페이스

INTERIOR SOURCE
내벽 마감(페인팅) : 천연페인트, 천연벽지 / 바닥재 : 수입 원목 마루 / 욕실 및 주방 타일 : 수입산 / 수전 등 욕실기기 : 수입산 / 주방 가구 : 이태리 / 쿡탑 및 냉장고 : 젠에어 / 조명 : 미국산 / 계단재 : 미국산 / 현관문 및 방문 : 미국원목 / 데크재 : 사비석 잔다듬

이탤리언네이트 건축(Italianate architecture), 네오클래식하우스(Neo-classic house) 등은 미국의 고급 싱글하우스 단지나 교외 저택들이 내세우는 디자인 콘셉트다. 붉은 색 점토기와와 밝은 스타코를 기본으로, 가파르게 경사진 지붕과 러프한 마감을 특징으로 꼽는다. 여기에 최상의 건축 자재와 꼼꼼한 디테일 처리로 건축 장인의 솜씨를 드러낸 연출들로 주목 받는다. 판교주택은 이러한 미국식 지중해풍 주택을 모티브로 입지 상황을 고려해 설계되었다. 경사진 대지 덕분에 현관과 주차장은 북측 도로와 면하고, 2층 거실은 남향의 외부 데크로 바로 이어진다. 진입부는 높은 키의 자연석 마감과 아치형 목재 문으로 보는 이를 압도하는데, 솜씨 좋은 석공이 약 50일을 꼬박 매달린 결과라는 후문이다. 앤틱한 외부 벽등은 무척이나 큰 사이즈지만, 진입부 분위기와 자연스럽게 어울리며 시선을 사로잡는다.

1층은 현관을 제외한 대부분의 면적을 주차장으로 활용하고 있다. 자동차에 특별한 애정을 가진 건축주의 라이프스타일을 적극 반영한 결과다. 현관에서 이어지는 지하부는 건축주의 여가를 위한 음악실과 운동실로 구성되었다. 음악을 감상하는 공간은 이웃들에게 피해가 가지 않도록 방음에 특별히 신경쓰고, 썬큰 공간을 곁에 두어 채광은 물론 환기와 습기 제어 등에도 용이하도록 했다. 2층은 건축주 부부의 주생활 공간이다. 거실과 주방이 자연스럽게 열린 구조로, 모던과 클래식을 조화롭게 연출한 인테리어를 선보인다. 특히 주방 겸 다이닝룸은 개수대 앞 창호와 테이블 옆 파티오도어로 개방감이 뛰어나다. 마스터침실은 비슷한 면적의 욕실과 드레스룸을 곁에 두어 편의성을 높였다. 3층은 자녀 세대를 위한 공간으로 젊은 감각이 더욱 돋보이는 연출이다. 화이트를 기본으로 한 모던한 바탕에 클래식한 주방기기, 내부 조명을 설치해 보기 드문 실내를 이루었다. 각 방과 드레스룸, 욕실 공간은 최대한 일체형 수납 공간을 만들어 데드 스페이스가 거의 없다. 층마다 틀에 얽매이지 않는 자유로운 스타일을 가감 없이 보여준 인테리어로 총평할 수 있다.

집에 적용된 대부분의 자재는 미국에서 직수입했다. 계단실을 만드는 계단판, 오일스테인, 기둥 각주 등은 모두 미국산 원목을 사용했고, 내부에 들어가는 단열재와 창호 등도 미국에서 각 분야에서 공식 인증받은 제품을 적용했다. 특히 창호는 'Anderson' 브랜드로 아르곤 가스와 Low-E 코팅유리로 제작된 에너지 효율이 높은 제품들이다. 성능뿐 아니라 디자인과 하드웨어의 디테일 면에서 모든 부분 건축주를 충족시켰다. 내부 마감을 위한 페인트와 석고보드, 벽지까지 모두 친환경 제품으로 시공했고, 몰딩 하나하나까지 원목으로 직접 제작해 유해 요소가 전무하다. 대지 특성에 어울리는 절제된 외관과 친환경 자재의 조합은 지중해풍 주택의 차별화된 스타일로 판교의 많은 주택들 사이에서 동경의 대상이 되고 있다.

REINFORCED CONCRETE + WOOD FRAME HOUSE

낭만과 품격이 있는 젊은 가족의 집
Neo-classic House

HOUSE PLAN
대지위치 : 경기도 성남시 분당구 / 대지면적 : 230.20㎡(69.63평) / 건물규모 : 지하 1층, 지상 2층 / 건축면적 : 114.54㎡(34.65평) / 연면적 : 273.54㎡(82.74평) / 건폐율 : 49.75% / 용적률 : 96.9% / 주차대수 : 2대 / 최고높이 : 9.99m / 공법 : 경량 목구조 / 구조재 : 벽 - 2×6 미국산 더글러스 구조목 _지붕 - 2×10 미국 수입 더글라스 구조목 / 지붕마감재 : 스페니시 기와 / 단열재 : EPS 1종 1호, 오웬스코닝 그라스울 R11, 19, 30, 스카이텍 열반사 단열재 / 외벽마감재 : 스터코플렉스 / 창호재 : Andersen / 설계 : 네이처스페이스

INTERIOR SOURCE
내벽 마감재 : 실내 - 던 에드워드 페인트, 지하, 다락 - 천연 벽지 / 바닥재 : 원목 티크 / 욕실 및 주방 타일 : 상아타일 / 수전 등 욕실기기 : 쿨러, 아메리칸스탠다드 / 주방 가구 : 주문 제작 / 조명 : 건축주 직접 구입 / 계단재 : L.J SMITH / 현관문 및 방문 : 미국산 원목문 / 데크재 : 대리석

많은 젊은 건축주들처럼 '아이를 위해' 아파트를 벗어나기로 결심했지만, 이들의 준비과정은 남들과 조금 달랐다. "집짓기 전, 근처 주택에 전세로 들어와서 살아봤어요. 우리 가족이 오랫동안 살 수 있는 동네인지 확인하려는 예행연습 같은 거였죠." 더 젊었을 때는 월세 오피스텔에서 신혼살림을 꾸렸고, 그 이후는 공동주택과 아파트에서 살았다는 젊은 건축주는 판교에 자리 잡은 이야기의 운을 이렇게 떼었다. 첫 번째 주택살이였고 낯선 동네로의 이사였다. 일단 들어와 멋모르고 산 2년 동안 두 아이는 이전보다 더욱 발랄하게 뛰노는 천방지축 천사들이 되었고, 아내의 뱃속에는 셋째라는 선물이 생겼다. 집짓기를 결심하는 데 2년의 주택 살이가 도움이 되었을까? 면적은 넓지만 가족의 생활방식이나 라이프사이클을 고려하지 않은 이전 집은 온통 '맞춰가야 할 것' 투성이었다. 모서리가 많아 아이들이 머리를 찧기 일쑤였고 잠자다 목이 마르면 졸린 와중에 1층까지 내려와야 했다. 층간 소음에서 벗어나고자 주택으로 왔지만, 아이가 뛰면 지하실까지 울릴 정도로 엉성하게 지어진 집에서 2년을 지내며 불편함과 비합리적인 구조를 모두 개선해 집을 짓겠노라 결심했다는 건축주 부부. 그래서인지 층마다 공간마다 가족의 취향과 동선에 딱 맞춰 지어진 집은 완성도가 높다.

판교는 다양한 주택 유형이 공존하는 곳이다. 집들을 보고 있노라면 '백 명의 사람, 백 개의 취향'이라는 말이 생각날 정도다. 부부는 차분하고 고풍스러운 클래식한 주택을 콘셉트로 잡고 이를 실현시켜 줄 건축회사를 찾아 헤맸다. 그렇게 네이처스페이스와 인연을 맺고 지하부터 다락까지 총 4개 층을 대지에 차곡차곡 쌓는 작업에 착수했다. 외관에서 풍기는 스터코 마감과 앤틱한 지붕선, 클래식한 외관에 대한 기대를 품고 현관을 지나면 경쾌한 헤링본 패턴 원목 마루가 먼저 발을 맞는다. 아내의 취향으로 꾸며진 1층은 서재를 제외하고는 문 없이 펼쳐져 있는 오픈스페이스다. 건물 내·외부 분위기와 큰 이질감 없는 선에서 모던함을 가미한 가구와 인테리어 소품으로 단장되어 있는데, 젊은 감각이 묻어나는 클래식은 고루하지 않아 많은 이가 공감하는 디자인 코드다. 실내에서 아이를 위한 배려는 곳곳에서 찾아볼 수 있다. 모든 모서리는 라운딩 처리해 부딪힐 만한 뾰족한 부분을 없앴고, 중앙에 웅장하게 자리 잡은 계단도 오가는 데 불편함 없이 넉넉히 냈다. 거실 소파를 마주보게 배치해 TV 대신 아이들의 눈을 바라보는 공간으로 단장했고, 언제든 안마당으로 나갈 수 있게 외부와의 단차를 없앤 것도 눈여겨볼 만하다. 특히 지하실은 온전히 아이들을 위한 공간이다. 어느 휴양 호텔에서 해먹 놀이기구를 아이들이 한없이 즐기는 모습을 본 건축주는 다소 비싼 가격이었지만 욕심을 냈다. 지하실에 만들려 했던 A/V룸 대신 대형 해먹을 설치해 지하를 온전히 아이들 놀이방으로 꾸몄다. 마침 셋째가 생겼고, 그렇다면 10년은 넉넉히 그 가치를 발휘하리라는 심산이다. 해먹은 트램펄린과 의자, 그네로 이루어져 있는데, 동네 아이들 사이에서 명물이 되었다. 덕분에 평일에도 집은 아이들의 천국이다.

지하실과 1층이 아이들을 위한 배려로 가득 차 있다면, 2층은 각자의 프라이버시가 지켜지는 공간이다. 드레스룸과 욕실, 발코니가 있는 안방과 두 개의 방, 그리고 가운데 있는 서재 겸 미니 가족실이 구성되어 있고, 가족실 안에 다락으로 오르는 수직 동선이 있다. 가족실 일부에 그토록 필요했던 정수시설을 설치하기 위해 배선 단계부터 수도관을 끌어올리는 것도 잊지 않았다. 아이들이 숙제하고 책 읽는 공부방을 만들어준 덕분에 아이들 일상이 '놀 땐 놀고 공부할 땐 하는 것'으로 정리됐다. 여기에 다락을 만화방으로 꾸미는 것까지 완성되면 자신에게도 즐거운 공간이 생긴다며 신나 하는 건축주다.

머리로만 아는 것보다는 직접 부딪히는 것이 얻는 게 더 많다는 진리는 집짓기에도 여지없이 적용된다. 주택에서 어떤 삶을 살고 싶은지, 아이들을 어떻게 키우고 싶은지를 알려면 직접 겪어보는 것이 효용성 측면에서 나을는지 모른다. 우리 가족이 진정 원하는 공간, 원하는 삶을 파악하기 위한 경험으로 여긴다면 처음 짓는 집도 열 번 지어본 양 시행착오를 줄일 수 있을 것이다. 이들처럼 말이다.

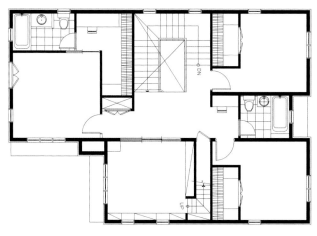

2층 평면도

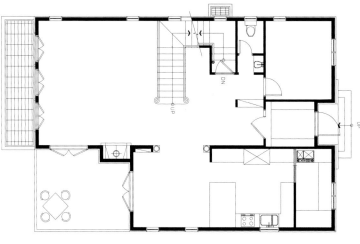

1층 평면도

REINFORCED CONCRETE + WOOD FRAME HOUSE

고품격 지중해풍 스틸하우스

HOUSE PLAN

대지위치 : 경기도 성남시 분당구 / 대지면적 : 267.1㎡ / 건물규모 : 지상 2층 / 건축면적 : 133.48㎡ / 연면적 : 312.79㎡ / 건폐율 : 49.97% / 용적률 : 94.68%
/ 주차대수 : 2대 / 공법 : 기초- 콘크리트, 지상- 스틸프레임 / 구조재 : 스틸스터드 / 지붕재 : 방수시트, 기와(모니어 기와 옥시탄'라파즈') / 단열재 : 인슐레이션
글라스울(벽체 R-19, 천장 R-30) / 외벽마감재 : 스타코플렉스 / 창호재 : Pella(미국산) / 내벽마감재 : 벽지, 천연페인트(벤자민 무어) / 바닥재 : 독일산 호마이
카 마루 / 수전 등 욕실기기 : 아메리칸스탠다드 / 계단재 : 천연대리석 / 주방가구 : 우노 / 데크재 : 방킬라이 / 설계 : 네이처스페이스

한때 호주에서 생활했던 건축주 가족은 판교 택지에 당시 거주하던 집의 모습을 하나하나 회상하며 주택을 지었다. '지붕이 있는 클래식한 집'이라는 확실한 콘셉트로, 가족의 라이프스타일과 프라이버시를 철저하게 반영한 이국적 스타일을 만나보자.

구조는 스틸스터드로 택하고 벽체와 천장에 인슐레이션을 시공해 단열성을 높였다. 지붕은 지중해풍 스타일의 스페니쉬 기와를 사용했다. 점토 특유의 붉은 색상이 스타코플렉스의 은은한 외벽과 조화를 이룬다. 현관을 통해 중문으로 들어서면 응접실 겸 다이닝 공간이 자리한다. 화이트톤을 기본으로 바닥에는 폴리싱 타일을 깔아 개방감을 주었다. 짧은 아치형 통로를 지나 두 자녀의 방이 각각 자리하고, 가운데 욕실을 구성했다.

가족만의 프라이버시한 2층 공간은 다양한 용도의 구획되지 않은 공간들로 구성되어 있다. 패브릭 소파로 편안한 분위기를 주고, 뒷편에 벽을 활용한 책장을 디자인했다. 책장 뒤로는 건축주가 '비밀의 방'이라 이름 붙인 또 하나의 공간이 숨겨져 있다. 2층에서도 가장 끝자락에 위치한 부부침실은 바닥면을 두 계단 낮춰 더욱 안락하게 느껴진다. 솔리드한 표면의 붙박이장을 설치하고 군더더기 없는 인테리어로 완성했다. 현관 포치를 육중하게 디자인하여 2층 발코니까지 이어지도록 했다. 난간의 섬세한 조각과 개구부의 디테일한 곡선이 어우러져 집의 외관을 한층 풍성하게 한다. 키 낮은 주목과 태양광 조명 등으로 연출하고, 원목 현관문을 선택해 집의 포인트로 삼았다.

이집의 메인은 계단이나 다름없다. 우아한 손스침 디자인, 걸레받이 몰딩, 짙은 밤색 계단판과 흰색 난간봉이 어우러져 하나의 예술작품을 보는 듯하다. 집의 규모에 비해 주방과 식당 공간은 그리 크지 않다. 실내로 인입된 주차 공간 때문이다. 대신 2층에 미니 주방을 따로 설계해 이를 보완했다. 반건식으로 시공된 메인 욕실은 부부가 나란히 사용할 수 있도록 트윈 세면대를 배치했다. 욕조 대신 샤워룸을 두고, 벽면 한쪽에 키큰 수납장을 주문 제작해 잡동사니들을 깔끔하게 정리할 수 있다. 길가에 맞닿은 벽면 한 쪽은 전면 슬라이드창을 배치하고, 내부는 셔터로 이루어진 폴딩도어를 덧댔다. 이는 차폐 효과뿐 아니라 휴양지에 온 듯한 이국적인 분위기를 내는 데 톡톡한 역할을 한다.

1층으로 내려가지 않고도 실외 분위기를 느낄 수 있도록 발코니를 내었다. 격자 무늬창과 아치형 디자인으로 부드러운 분위기를 완성했다. 택지지구 건축조례상 처마 길이에 더 내지 못한 점이 아쉬움으로 남는다. 간단히 차를 나누거나 야식을 먹을 때 꼭 필요한 미니 주방. 가구 상부에 일정한 공간을 두면 공간을 더욱 넓어 보이게 하는 효과가 있다. TV장 맞은편으로 좌식 공간을 마련했다. 마치 집 안에 둔 평상처럼 걸터 앉거나 편안히 누울 수 있어 더욱 유용하다. 다락방으로 오르는 계단이 평상 위에서 바로 이어진다.

REINFORCED CONCRETE + STEEL FRAME HOUSE

견고함을 자랑하는 프로방스풍 스틸하우스

HOUSE PLAN
대지위치 : 경기도 성남시 분당구 / 대지면적 : 231.40㎡(70평) / 건물규모 : 지상 2층 / 건축면적 : 115.70㎡(35평) / 연면적 : 231.40㎡(70평) / 건폐율 : 50% / 용적률 : 100% / 주차대수 : 2대 / 최고높이 : 10.8m / 공법 : 기초 - 철근콘크리트조, 지상 - 스틸 구조 / 구조재 : 스틸스터드 / 지붕재 : 점토기와 / 단열재 : 인슐레이션 크나우프 / 외벽마감재 : 스타코플렉스 / 창호재 : 사이먼톤 / 설계 : 네이처스페이스

INTERIOR SOURCE
내벽 마감 : 벤자민 무어 페인트, 천연 벽지 / 바닥재 : 수입 원목마루 / 욕실 및 주방 타일 : 스페인산 타일 / 수전 등 욕실기기 : 아메리칸 스탠다드 / 주방 가구 : 국산 / 조명 : 국산 / 계단재 : 오크원목 / 현관문 : 미국산 마호가니 원목 / 방문 : 미국산 웰더 원목 / 붙박이장 : 국산

대지는 독특하게도 건물과 건물 사이 1m 가량의 녹지를 좌측에 가지고 있었다. 덕분에 따로 이격거리를 내지 않아도 왼쪽 집과는 자연스레 간격을 유지할 수 있는 장점이 있다. 그래서 설계시 집을 최대한 좌측으로 붙이고 오른편에 녹지와 주차장을 넓게 빼, 조만간 들어설 우측 집과의 적절한 간격을 미리 마련했다. 두 딸을 둔 부부는 프랑스에서 오랜 기간 머무르면서 마음에 담은 집의 형태가 있었다. 가족이 중심이 되는 포근하고 따스한 지중해풍 외관은 네 식구가 공통으로 꿈꾸는 집의 모습이었다. 아파트에서 주택으로 거취를 옮기기로 마음먹고 자연스레 내놓은 아이디어 또한 이를 바탕으로 한 클래식한 외형이었다. 그리스식 기둥을 전면에 배치해 고전미를 더했고 지붕에는 스페니시 기와를 덮어 이국적인 멋을 냈다. 부드러운 질감과 희미하게 노란빛이 도는 미장재로 외관을 감쌌으며, 도로로 면한 쪽에 관목을 심어 미니 마당으로 꾸미고 집 주변으로 잔디를 깔아 마치 도심 속에 있는 프랑스 전원주택의 풍경을 연출했다.

주택은 철근콘크리트로 단단히 다진 기초 위에 스틸 구조로 세워졌다. 스틸하우스는 벽체에 인슐레이션을 메워 단열을 하는데, 이 집의 경우는 틈새마다 단열재를 꼼꼼히 넣어 단열성능뿐 아니라 벽체와 층간 차음 효과까지 노렸다. 안과 밖의 소음은 창호로 해결했다. 창호는 사이먼톤(Simonton) 창으로, 프레임이 얇아 창문 면적을 넓힐 수 있는 장점과 로이코팅 유리와 아르곤가스 충진으로 단열효과도 볼 수 있는 미국식 시스템 창호다. 매끄럽게 열고 닫히는 움직임은 무거운 창을 매번 들어 올리는 수고를 덜어준다. 기밀성 또한 만족스러워 창문을 모두 닫으면 외부의 소음이 적절히 차단되는 수준이다.

실내 또한 고풍스러운 원목이 주가 되는 인테리어다. 1층은 부부 공간으로, 2층은 두 자녀 공간으로 나눠지는데, 마스터 베드룸은 2층에 두어 손님이 들면 방 하나를 게스트룸으로 내어줄 수 있도록 했다. 탁 트인 거실 안쪽에 포근한 벽난로가 있고, 남쪽으로 난 큰 창으로는 종일 볕이 든다. 이 거실은 단열을 가장 크게 고려한 건축주에게 겨우내 포근하게 머물 수 있는 안식처가 되어주었다. 주방은 맞춤 가구로 짜 넣었는데, 주조색인 원목과 조화를 이루는 화이트톤으로 깔끔하게 마무리했다. 앤틱한 손잡이와 후드 가리개의 라운딩 처리는 부드러운 느낌을 더하는 포인트 요소다. 계단 난간과 발판 역시 모두 원목으로 짰는데, 그 특유의 질감이 집에 무게감을 더한다. 2층은 두 딸의 공간이 같은 면적으로 나란히 배치되어 있고 가족이 소소하게 담소를 나눌 수 있는 가족실이 중앙에 자리한다. 가구와 장식품 모두 이전에 쓰던 것들을 버리지 않고 사용했으며, 이 또한 앤틱 스타일이기에 집의 분위기와 잘 어우러진다. 벽에 걸린 그림과 장식품 등은 모두 프랑스 현지에서 공수한 것. 평생을 함께해온 가구와 함께 오래될수록 그 멋이 더해가는 고풍스러운 주택은 가족에게 질리지 않는 편안한 보금자리로 적격인 듯하다.

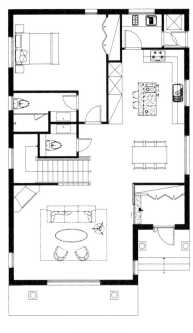

1층 평면도

2층 평면도

REINFORCED CONCRETE + WOOD FRAME HOUSE

단지의 랜드마크로
자리매김한 목조주택

HOUSE PLAN
대지위치 : 경기도 성남시 분당구 / 대지면적 : 317.7㎡ / 건축면적 : 157.61㎡ / 연면적 : 322.09㎡(1층-113.43㎡ _ 2층-109.16㎡ _ 지하-99.50㎡) / 건폐율 : 49.92% / 용적률 : 70.51% / 주차대수 : 2대 / 최고높이 : 12.81m / 구조 : 기초-철근콘크리트조, 지상-경량목구조 2×6 구조목재 _ 미국산 더글러스, 아이조이스트, 공학목재 빔 / 단열재 : 미국산 에코단열재(벽-R19 _ 지붕-R37) / 외부마감재 : 외벽-미국식 시멘트 스터코 베리언스 마감, 사비석 잔다듬 _ 외단열-스카이텍 10㎜ _ 미국 CDX 천연합판 _ 지붕-S형 기와(포르투칼) / 담장재 : 에메랄드 그린 / 창호재 : 미국 앤더슨 창호 / 철물하드웨어(목조주택에 한하여) : 심슨 스트롱 타이, 탐린, 메가타이 / 열회수환기장치 : 미국산 열교환장치 / 에너지원 : 도시가스, 태양열전기 / 조경석 : 사비석 잔다듬 / 공사기간 : 1년 / 설계 : 네이처스페이스

INTERIOR SOURCE
내부마감재(벽 · 바닥 · 천장) : 내부 전체 미국산 던 에드워드 천연페인트 _ 바닥-수입 티크 원목마루(헤링본) _ 타일-이태리 타일 / 욕실 및 주방 타일 : 수입 대리석 및 이태리 타일 / 수전 등 욕실기기 : 이태리, 국산 / 조명 : 미국 수입 / 계단재 및 난간 : 미국 오크원목, 라운드 핸드레일 오크, 가정용 엘리베이터 / 현관문 : 미국 마호가니 원목도어 / 중문 : 미국 수입 도어 / 방문 : 미국 수입 도어 / 붙박이장 : 디자인 제작 / 데크재 : 사비석 잔다듬

건축주는 판교 IT센터에서 근접한 곳에 대지를 선정하였고, 경영자로서 직원들이나 협력업체와의 미팅이 가능한 주거지를 원했다. 지하에는 창고와 더불어 게스트룸을 두었고 1층 공용공간, 2층에 주거공간을 마련하였다. 내부에는 옥탑층까지 오르내릴 수 있는 엘리베이터를 별도로 설치하였다. 외부에서 눈에 띄는 것은 엘리베이터실을 감싸며 우뚝 서 있는 옥탑층의 모습이다. 팔각으로 디자인하여 전망대 같은 모양새다. 모서리 대지의 특성상 현관은 코너 쪽에 자리한다. 외부마감재로 스터코플렉스가 쓰였고, 라운드 창호가 밋밋한 외관에 생기를 불어넣는다. 지붕 끝 상단에는 동판이 씌워진 굴뚝이 나름의 멋을 풍긴다.

주택은 지하, 1층, 2층, 옥탑으로 구성되었다. 지하층에는 작업실과 손님이 머물 수 있는 공간이 있다. 1층은 거실과 손님방, 식당이 위치하는데, 가족은 물론 직원들과도 파티를 열 수 있을 정도로 넓은 편이다. 중앙에 설치된 엘리베이터를 기준으로 각 공간이 서로 나뉜다. 식당과 거실은 일체형으로 오픈되어 있고, 거실과 다이닝룸은 넓은 후면 정원을 바라보며 배치되었다. 2층은 전실 개념의 로비와 침실, 화장실, 드레스룸 등으로 이루어져 있는데, 거실 한켠에 하루의 피로를 녹여줄 히노끼탕이 설치되어 있다. 욕실 바닥도 건축주의 취향과 요청에 따라 히노끼로 마감하였다.

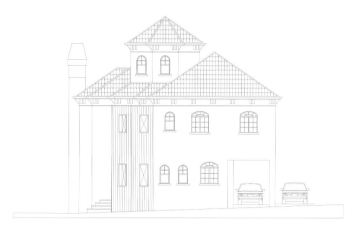

북측면도

동측면도

REINFORCED CONCRETE + WOOD FRAME HOUSE

동화작가의 스케치를 현실로 구현한 집

HOUSE PLAN

대지위치 : 경기도 성남시 분당구 / 대지면적 : 264.9㎡ / 건축면적 : 131.38㎡ / 연면적 : 307㎡(1층-132㎡ _ 2층-96㎡ _ 지하-79㎡) / 건폐율 : 50% / 용적률 : 80% / 주차대수 : 2대 / 최고높이 : 11m / 구조 : 기초-철근콘크리트조. 지상-경량목구조 2×6 구조목재 _ 미국산 더글러스, 아이조이스트, 공학목재 빔 / 단열재 : 미국산 에코단열재(벽-R19 _ 지붕-R37) / 외부마감재 : 외벽-스터코플렉스 _ 미국 CDX 천연합판 _ 지붕-평기와(포르투칼) / 담장재 : 에메랄드 그린 / 창호재 : 미국 앤더슨 창호 / 철물하드웨어(목조주택에 한하여) : 심슨 스트롱 타이, 탐린, 메가타이 / 열회수환기장치 : 미국산 열교환장치 / 에너지원 : 도시가스, 태양열전기 / 조경석 : 사비석 / 공사기간 : 1년 / 설계 : 네이처스페이스

INTERIOR SOURCE

내부마감재(벽 · 바닥 · 천장) : 내부 전체 천연벽지, 미국산 던 에드워드 천연페인트 _ 바닥-독일 강화마루(헤링본) / 욕실 및 주방 타일 : 수입 타일 / 수전 등 욕실 기기 : 수전-미국 / 주방가구 : 한샘 / 거실가구 : 미국 수입 / 조명 : 미국 수입 / 계단재 및 난간 : 미국 오크원목, 오크 / 현관문 : 미국 마호가니 원목도어 / 중문 : 국산 제작 / 방문 : 국산 제작 / 붙박이장 : 디자인 제작 / 데크재 : 사비석 잔다듬

남측면도

동측면도

건축주 부부와 세 자매가 함께 생활하는 주택이다. 동화작가인 큰딸의 스케치가 설계에 반영된 결과물이다. 이를 통해 사랑스럽고 동화에 나올 법한 주택이 탄생하였다. 외관은 건축주 가족들이 명명한 '스트로베리 하우스'라는 이름에 어울리는 엷은 핑크색을 주조색으로 채택하였다. 외장 색상이 다소 모험적이어서 건축주와 여러 번 협의가 선행되었고, 확고한 건축주 가족의 생각을 적극 반영하였다. 외장재는 다양한 색상을 구현할 수 있고 단열과 관리에 좋은 스터코플렉스를 채택하였다. 기와는 스페니쉬 점토기와를 올렸는데, 전면에 보이는 커다란 박공지붕과 아치형 현관, 2층의 전면부 통창이 클래식한 매치를 이룬다. 남쪽과 동쪽에는 정원이 자리하고, 남쪽면 2층에는 계절마다 예쁜 화분으로 꾸밀 수 있는 유럽 스타일의 화분 난간이 설치되어 있다.

지하층에는 피아노와 책장들로 채워진 서재가 있다. 1층에는 안방과 거실, 다이닝룸이 있는데, 북유럽풍 인테리어와 소품, 라운드 형태의 아치 창호가 어우러져 동화 속 주택 같은 모습을 자아낸다. 1층 거실과 주방 사이는 옥탑까지 천장이 뚫려 있어 가족들간의 원활한 소통과 유대감을 돕는다. 2층에는 세 자녀의 침실과 화장실 그리고 간이조리대가 설치되었다. 2층에서 제일 넓은 큰딸의 방은 화장실과 거실, 침실로 나뉜다. 거실에는 온전히 집중해서 동화를 집필할 수 있는 공간이 자리한다. 평소에는 책장 역할을 하는 벽장은 해리포터에서 나오는 비밀의 공간으로 향하는 문처럼 변신한다. 계단실을 통해 올라오면 바로 작은 거실이 나타나는데, 그 앞에는 외부의 정면에서 보인 큰 아치창호가 설치되어 개방감을 높여준다. 한편, 옥탑은 헨젤과 그레텔의 오두막같이 아늑하고 포근한데, 동서남북으로 낸 일명 뻐꾹이창(돌출창)이 재미있는 공간을 선사한다.

220

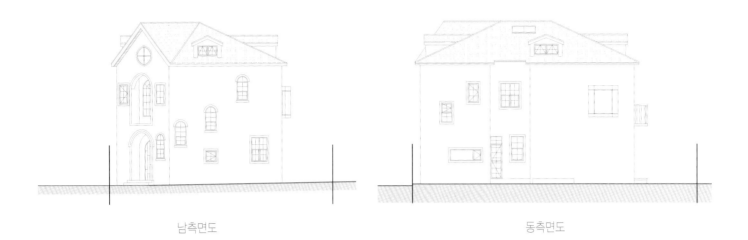

남측면도   동측면도

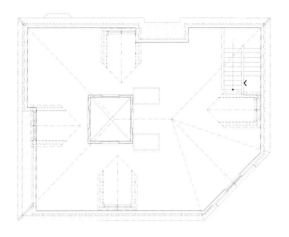

다락방 평면도

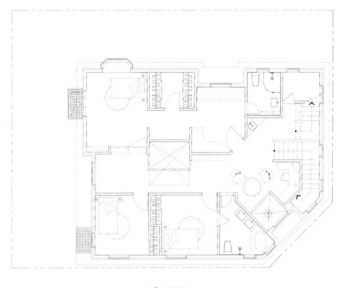

2층 평면도

1층 평면도

REINFORCED CONCRETE + CONCRETE HOUSE

냉철함과 따스함 사이
Secret House

HOUSE PLAN

대지위치 : 경기도 성남시 / 대지면적 : 292.2㎡(88.54평) / 건물규모 : 지하 1층, 지상 2층 / 건축면적 : 144.99㎡(43.93평) / 연면적 : 351.82㎡(106.61평) / 건폐율 : 49.62% / 용적률 : 95.37% / 주차대수 : 2대 / 최고높이 : 11m / 공법 : 기초 - 철근콘크리트, 지상 - 철근콘크리트 + 스틸 / 구조재 : 철근콘크리트 / 단열재 : 아이소핑크, 글라스울 / 외벽마감재 : 모노쿠쉬, NT 패널 / 창호재 : LG시스템 창호 / 설계 : 네이처스페이스

INTERIOR SOURCE

내벽 마감 : 벤자민 무어 페인트, 천연 벽지 / 바닥재 : 수입원목마루 / 욕실 및 주방 타일 : 스페인제 타일 / 주방 가구 : 지메틱 / 조명 : 수입 및 바리솔, LED / 계단재 : 오크원목 / 현관문 : LG시스템 / 방문 : 오크원목 / 아트월 : 대리석 / 데크재 : 방킬라이

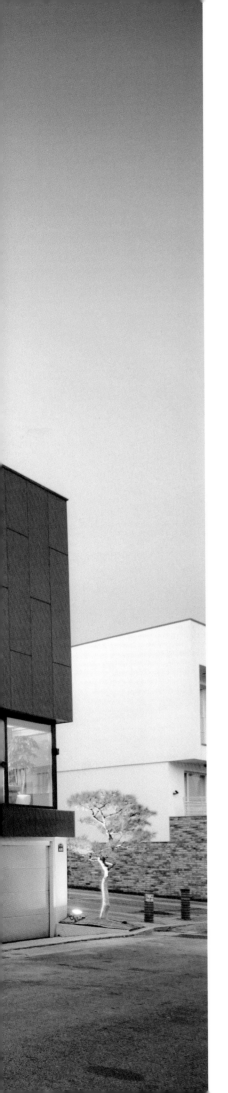

1층 평면도

얼핏 보면 갑옷을 입은 듯 단단해 보이는 집의 외관은 두 가지 재료로 마감되었다. 정면은 독일산 NT 패널을 사용해 웅장한 느낌을 더했고 측면과 배면에는 노란빛의 모노쿠쉬로 마감했다. 두 재료의 고급스러운 매치는 열지어 늘어선 주택들 가운데서도 단연 눈에 띄는 형국이다. 건축주는 설계를 통해 무엇보다 프라이버시의 문제를 해결하길 원했다. 내부의 동선이 외부에서 읽히지 않기를 원하는 건축주의 요구에 따라 건물의 형태를 외부에 드러내기보다는 내부에 중정을 두어 사적인 열린 공간을 구성했다. 아울러 도로와 면하는 외관에는 창을 최소화해 사생활의 보호를 꾀했다. 이러한 건축적 장치를 통해 밖에서는 내부를 파악하기 어려워 육중한 매스의 느낌만 남는다. 안으로 들어가면 외부의 느낌과는 다르게 밝은 실내공간이 펼쳐진다.

건축주의 또 다른 요구는 세대 간의 분리와 통합이 원활하게 이루어지는 것이었다. 이에 부모님은 1층에 그리고 건축주는 2층에 거주하는 방식으로 세대를 분리했다. 노부모의 주 출입구는 1층 현관이지만, 주로 자동차로 이동하는 건축주는 차고가 있는 지하에서부터 2층으로 연결된 계단실이 주된 동선이다. 늦은 귀가에 부모님의 단잠을 깨울까 염려하여 1층과 통하지 않고 바로 2층으로 오를 수 있도록 계단실을 독립적으로 구성해, 평소에는 세대별 독립성을 유지하면서도 언제든지 소통할 수 있는 입체적 평면을 완성했다.

설계뿐 아니라 시공의 섬세함도 눈여겨볼 만하다. 내부를 단단하게 무장해 냉·난방비 최소화를 꾀했는데 우선, 내부를 글라스울로 두텁게 둘러 겨울에는 차가운 열을 차단해 보온효과를 누리고 여름에는 외부의 뜨거운 공기의 유입을 막아 쾌적한 거주성을 확보하는 데 집중했다. 세대간 이동이 잦은 계단실도 놓치지 않았다. 글라스울과 아이소핑크를 함께 사용해 단열성뿐만 아니라 방음효과까지 극대화했다.

실내는 스킵 플로어의 형태이다. 입구에서부터 1/2층 높낮이 차를 두어 좌측의 개인 공간과 우측의 공용공간을 자연스럽게 구분했으며 현관의 바로 앞에 계단실을 거쳐 중정으로 나갈 수 있도록 동선을 계획한 점도 눈에 띈다. 실내는 'ㄷ'자 형태이다. 거실에 남쪽으로 큰 창을 내어 햇빛의 유입을 꾀하고 주방과 거실이 자연스럽게 연결되도록 해 어느 한 곳이라도 소외당하는 공간이 없도록 배려했다. 동서로 난 창 덕분에 주방은 거실과 방 사이의 복도에 있음에도 답답함이 전혀 없다. 이 공용공간에서 각 방으로의 연결이 물 흐르듯 매끄러워 공간을 향유하는 데 아쉬움이 없다. 가족의 삶을 최우선에 둔 설계와 시공이 빚어낸 아늑한 주택. 세대 간의 분리와 통합의 과제를 유연하게 풀어낸 이 주택은 가족 구성원들에게 늘 돌아가고 싶은 집이 될 것이다.

REINFORCED CONCRETE + STEEL FRAME HOUSE

순수한 조형미를 추구한
Steel Framed House

HOUSE PLAN

대지위치 : 경기도 성남시 / 대지면적 : 267.3㎡ / 건물규모 : 지하 1층, 지상 2층 / 건축면적 : 123.7㎡ / 연면적 : 297㎡, 1층 - 123.7㎡, 2층 - 123.7㎡, 지하층 - 49.5 ㎡ / 주차대수 : 2대 / 최고높이 : 10m / 공법 : 기초 - 통기초, 지상 - 스틸스터드 / 구조재 : 스틸스터드 / 지붕재 : 징크 / 창호재 : 시스템 원목창호 / 단열재 : 오웬스코닝 인슐레이션(벽체 R-19, 천장 R19 두겹) / 외벽마감재 : 독일산 NT패널, 노출콘크리트, 징크(독일) / 내벽마감재 : 천연페인트 / 설계 : 네이처스페이스

INTERIOR SOURCE

페인트 : 벤자민무어 천연페인트 / 벽지 : 천연벽지 / 바닥재 : 독일산 호마이카 원목마루 / 아트월 : 오크 원목 / 방문 : 오크 무늬목 1,000×2,300(㎜) / 현관문 : 고급 방화문 / 주방가구 : 한샘 / 욕실기재(수전 등) : 아메리칸 스탠다드 / 타일(주방 및 욕실) : 수입타일 / 조명재 : 바리솔 / 데크재 : 방킬라이

3-13

스틸하우스는 미국의 전통적인 경량목구조 공법에서 목재를 철강재로 대체한 주택이다. 두께 1㎜의 도금 강판을 'ㄷ'자 모양으로 만든 스틸스터드(steel-stud)로 조립되며, 샌드위치 패널이나 H빔 공법 등과 성능면에서 월등한 차이가 있다. 친환경성, 내진성, 건식 공법 등 스틸하우스는 장점이 많은 데 반해, 그간 국내의 시장 규모는 답보 상태에 머물렀다. 화려하게 발전하는 목조주택에 가려 진면모를 보일 기회가 적었던 것이다. 그러나 최근 모던하고 과감한 디자인, 에너지절약형 기술 등을 접목시키며 스틸하우스는 재도약을 준비하고 있다. 판교택지지구에 선보인 박스 형태의 주문 주택은 스틸스터드 구조에 다양한 종류의 외장재를 접목하면서 그 좋은 사례를 보여주고 있다.

어린 두 딸이 있는 젊은 건축주 부부는 해외에서 거주한 경험을 바탕으로, 합리적이고 모던한 주택을 의뢰했다. 내구성과 단열성을 기본으로 갖추되 살면서 유지 보수에 대한 부담이 없는 집을 최우선으로 쳤다. 형태면으로는 미국과 유럽의 현대적인 디자인을 추구했기에 단순한 박스형 구조에 외장재로 개성을 더한 집이 완성되었다. 일체의 장식이나 화려한 디테일을 제외하고 모더니즘의 조형을 살린 입면은 선과 직육면체, 자재에서 나오는 특징이 최대한 드러나고 있다. 전면에 보이는 두 개의 매스는 약간 비대칭을 이뤄 개성을 더했고, 'ㄷ'자 형태로 꺾여져 중정을 사이에 두고 있다. 중앙의 통로와 공간을 중심으로 양쪽의 건물이 평행으로 이어져, 이는 각자의 개인 공간과 프라이버시를 살리며 채광, 통풍에도 긍정적인 영향을 준다. 실제 주택은 아침부터 정오까지 고루 빛을 받으며, 한여름 오후에도 크게 덥지 않도록 동남향으로 배치했다. 채광과 일조량이 풍부하므로 집 안의 습도 조절에 적합하며 겨울철에도 난방 효과가 극대화되어 쾌적한 주거환경을 제공한다.

자칫 심심할 수 있는 입면은 외장재의 조합으로 보완하고 있다. 회색 징크와 갈색의 목재패널은 자재 자체가 가지고 있는 질감을 최대한 드러내는 데 집중했다. 친환경적인 자재를 원했던 건축주의 요구대로 반영구적인 독일산 NT패널과 징크를 사용했고, 건식 공법에는 구현하기 까다로운 노출 콘크리트패널을 성공적으로 접목해 모던한 느낌을 최대한 살렸다. 설계와 시공을 맡은 네이처스페이스의 김정식 대표는 "건식 공법의 스틸 구조에 습식 공법의 외장재를 결합하는 데 어려움이 있었지만, 결과적으로 서로 다른 성향을 보완해 따뜻한 이미지의 집을 만들 수 있었다"고 말했다. 조경 요소로는 동측 입면과 대지 경계선을 따라 'ㄱ'자로 꺾어진 낮은 데크, 곡선이 살아있는 수목을 추가하여 전체적으로 안정적인 입면을 완성하고 있다.

내부 인테리어는 친환경 소재를 택해 단순하게 연출했다. 특별히 눈에 띄는 색을 사용하지 않고, 필요한 곳은 원목을 이용해 자연미를 드러내고 있다. 곡선보다는 직선, 장식보다는 기능을 먼저 생각하고 공간을 효율적으로 사용하는 데 중점을 두었다. 실내는 건물의 형태에서 나오는 공간 그대로를 살려, 좌우대칭 구조를 취한다. 1층은 거실과 주방의 주 생활공간과 게스트룸이 자리하고, 2층은 가족실을 중심으로 부부의 침실과 자녀방이 마주하고 있다. 수납을 미리 염두에 두어 붙박이장 등을 배치하고, 각 실에 어울리는 가구를 제작해 버려지는 공간이 없도록 했다. 식당은 외부로 나오기 편리하도록 바닥 면을 거실보다 낮추었고, 이러한 독특한 공간감은 마치 레스토랑에서 식사하는 듯한 특별한 기분을 선사한다. 가구의손잡이, 천장몰딩 등은 모두 보이지 않게 만들었고, 여기에 유리나 스틸같은 소재를 사용해 직선을 더욱 강조하고 있다. 지하는 스터디룸과 AV룸, 운동실을 두어 가족이 함께 누리는 취미 공간으로 활용했다.

REINFORCED CONCRETE + CONCRETE HOUSE

이 시대 고급 주택의 표본
Contemporary House

HOUSE PLAN

대지위치 : 경기도 성남시 분당구 / 대지면적 : 463.7㎡ / 건물규모 : 2층 / 건축면적 : 231.27㎡ / 연면적 : 378.62㎡ / 건폐율 : 49.88% / 용적률 : 71.16% / 주차대수 : 4대 / 공법 : 철근콘크리트 / 구조재 : 철근콘크리트 / 창호재 : 이건창호 / 단열재 : 열반사지, 인슐레이션 / 외벽마감재 : 모노쿠쉬(프랑스), 씨블랙버너, 티타늄징크, NT패널(독일) / 지붕재 : 평슬래브, 티타늄징크 / 내벽마감재 : 천연페인트(미국) / 계단재 : 오크원목 / 바닥재 : 원목마루 / 설계 : 네이처스페이스

택지지구의 지구단위계획 지침은 건축적인 변주를 제약하는 요소라 할 수 있지만, 마을 전체의 외관과 거주자들의 편의를 위해서는 무시 할 수 없는 사항이다. 때문에 지침 하에 설계되는 단독주택들은 동일한 제약 범위 안에서 최대한의 공간 효율을 끌어내기 위해 집중한다. 얼마 전 입주를 마친 판교 B블록의 주택은 두 개의 필지를 붙인 대지로, 근방에서는 제일 큰 규모의 집이다. 그러나 역시 지침을 벗어나는 입체적인 설계는 어려웠기에 면 분할 방식으로 건물의 전체적인 콘셉트를 설정했다. 사면이 다른 면들은 그 안에서 또 분해되며 각각의 소재들을 달리해 차별화를 주고 있다. 천연 규사를 소재로 하는 모노쿠쉬 마감을 기본으로 하고 씨블랙버너, 티타늄징크 등을 더해 모던한 감각을 살렸다. 여기에 열과 추위, 충격에 강한 고밀도 집성목으로 악센트를 주어 지루하지 않은 입면을 추구하고 있다. 외장재로는 지금 시대에 가장 발달한 형태의 친환경소재를 두루 택한 것이다.

전체적인 외관은 주차 공간과 주택 1층은 분리하되, 각 매스의 2층을 연결한 브릿지 형태의 디자인이다. 그 아래 현관을 두어 주차장과 거실 입구로 들어서는 문을 따로 내고, 측면에는 최첨단 전자 택배 시스템까지 갖췄다. 특히 수목을 좋아하는 건축주의 특별한 요구로, 건물 배치부터 조경을 고려했다. 차량 및 주 진입 동선과 반대 방향으로 주 정원을 만들어 정적 공간을 확보하고, 볕이 좋은 남향으로는 거실과 연계된 작은 정원을 추가로 배치했다. 장방형의 건물 형태에 따라 작은 교목을 연이어 심고, 가족들의 구심적인 공간이 될 수 있도록 그늘을 만들어 주는 키 큰 나무도 식재했다. 결과적으로 크고 작은 관목들이 건물을 감싸고 있는 모양새로, 실내 어느 곳이든 창을 통해 정원을 바로 접할 수 있기에 자연이 주는 친화력을 가깝게 느낄 수 있다.

주택은 콘크리트와 스틸스터드의 복합 구조로 지어졌다. 단열과 방음에 취약한 콘크리트의 단점을 내부에 스틸스터드를 시공함으로써 보완했다. 스터드로 인해 벽체에 인슐레이션을 충전할 수 있었고, 언제든 변형이 가능한 스터드의 특징으로 융통성 있는 내부 구조를 실현했다. 현재 3명의 어린 자녀를 둔 건축주는 아이들이 성장한 후에도 충분히 가용할 수 있는 공간을 원했기에 스터드 조합은 선견(先見)의 현명한 선택이었다. 내부는 층별 간 동적 공간과 정적 공간을 정확하게 분리하여 설계했다. 1층은 가족들과 함께 할 수 있는 열린 주방과 다이닝룸, 거실로 할애하고 사적 공간은 모두 2층에 배치했다. 같은 층이지만, 부부의 마스터룸과 자녀방은 긴 복도를 사이에 두고 있어 독립적인 생활이 가능하다. 이 복도는 프라이버시를 확보함과 동시에 아직 어린 자녀들과의 유대관계를 위한 연결동선이기도 하다.

내부 마감은 친환경을 최우선에 두었다. 벽면은 화이트 컬러의 천연페인트를 칠하고, 높은 층고의 거실 측면에는 오크 원목과 대리석으로 아트월을 시공했다. 천장과 바닥에는 몰딩이나 걸레받이 대신 갤러리 레일, 바닥용 알루미늄 몰딩을 선택해 한결 고급스럽게 연출했다. 실내 분위기를 좌우하는 조명은 바리솔 등이다. 스퀘어 형의 이 간접 조명을 거실, 주방 할 것 없이 모든 공간의 메인 조명으로 삼았다. 여기에 LED 형광등, 싱크등, 센서등을 적재적소에 배치해 입체적인 효과를 내고 있다. 특히 계단과 현관 입구의 하단 센서등은 인테리어에 맞춰 자체 제작된 하나뿐인 자재일 정도로 조명 설계에 공을 들였다. 그 효과를 가장 크게 누리는 곳은 주방과 다이닝룸이다. 스틸 소재로 통일한 주방가구 위로 빛이 반사되면서 환하고 럭셔리한 공간으로 탄생했다. 스틸과 목재가 어우러진 다이닝룸 파티션은 실내 전체의 인테리어 콘셉트를 상징하는 오브제 역할을 충실히 한다. 2층의 자녀방은 공부방과 침실을 분리하고 그 사이에 욕실을 설치한 독특한 구조다. 내부는 히노끼 패널로 시공해 피톤치드 효과를 노리고, 방문은 자체 제작한 높이로 독일제 가스켓을 사용하여 방음 및 밀폐 기능이 뛰어나다. 붙박이장은 호마이카 천연 소재로 직접 제작했다.

REINFORCED　　　CONCRETE　　　STRUCTURE

스텝 업 플로어링 구조에 깔끔한 인테리어

HOUSE PLAN

대지위치 : 경기도 성남시 분당구 / 대지면적 : 231㎡ / 건축면적 : 112㎡ / 연면적 : 300㎡(1층-112㎡ _ 2층-99㎡ _ 지하-89㎡) / 건폐율 : 49.99%(법정 50%) / 용적률 : 78.89%(법정 80%) / 주차대수 : 2대 / 구조 : 철근콘크리트조 / 단열재 : 외벽-PF보드 _ 내벽-스카이텍 / 외부마감재 : 외벽-스터코플렉스 마감 _ 지붕-티타늄 징크 / 담장재 : 에메랄드 그린 / 창호재 : 이건창호 / 철물하드웨어(목조주택에 한하여) : 심슨 스트롱 타이, 탐린, 메가타이 / 열회수환기장치 : 미국산 열교환장치 / 에너지원 : 도시가스, 태양열전기 / 조경석 : 씨블랙 / 공사기간 : 1년

INTERIOR SOURCE

내부마감재(벽 · 바닥 · 천장) : 내부 전체 미국산 던 에드워드 천연페인트 _ 바닥-수입 원목마루, 폴리싱 타일 / 욕실 및 주방 타일 : 수입 타일 / 수전 등 욕실기기 : 수입 수전 / 주방가구 : 한샘 / 계단재 및 난간 : 수입 원목 오크 / 현관문 : 이건창호 / 방문 : 국산 맞춤 제작 / 붙박이장 : 한샘 / 데크재 : 씨블랙 대리석

주택의 두 면은 이웃과 맞닿은 채 서쪽 면 인도 건너편으로는 초등학교, 북쪽으로는 큰 공원을 마주하고 있다. 외관 디자인에 더해 블랙과 화이트 색상의 조합이 모던한 느낌이다. 화이트와 블랙을 매치한 익스테리어 컬러는 오래 보아도 질리지 않는 좋은 선택이다. 전체 벽면은 흰색의 스터코플렉스로 마감하였다. 기단부는 블랙에 가까운 짙은 그레이톤의 치장벽돌을 쌓아 색상의 대비를 이뤘다. 이로써 세련된 분위기와 콘크리트 주택의 견고함이 자연스럽게 드러난다. 정면에서 볼 때 옥탑면의 사선 경사 구조는 깔끔한 외관에 변화를 주는 포인트로 작용한다.

지하층에는 취미실과 웬만한 잔살림의 수납은 일거에 해결할 만한 창고가 자리한다. 1층은 거실, 다이닝룸, 게스트룸으로 구성되어 있다. 거실에 크게 트인 통창으로는 전방 풍경이 큰 액자처럼 시원하게 걸린다. 거실과 다이닝룸은 일체형 구조로 오픈되어 있다. 스텝 업 플로어링 구조로 거실이 한 뼘 높은 플로어 형태이다. 거실과 다이닝룸이 같은 공간에 하나의 동선상에 존재하지만 공간감이 확연히 구분된다. 다이닝룸의 층고는 높아 보이고, 거실은 아늑하게 보이는 것이다.

화이트를 베이스로 한 인테리어는 공간을 더욱 심플하면서도 넓어 보이게 한다. 바닥에 깔린 폴리싱타일은 고급스러운 느낌과 함께 실내를 더욱 밝게 한다. 특히 통유리로 이루어진 계단 벽면은 채광과 함께 개방감을 높여주며 모던한 내부의 느낌을 잘 대변해주는 듯하다. 2층에는 자녀방과 안방이 위치한다. 옥탑은 가족들이 편히 쉴 수 있는 공간으로 실외 노천탕이 설치되어 있다. 이를 중심으로 프라이버시한 활동이 가능하도록 제법 높은 옹벽으로 감싸져 있다. 옹벽면은 외형적인 느낌을 살릴 수 있도록 경사구조물로 처리하여 심심한 외관에 변화를 가져다준다.

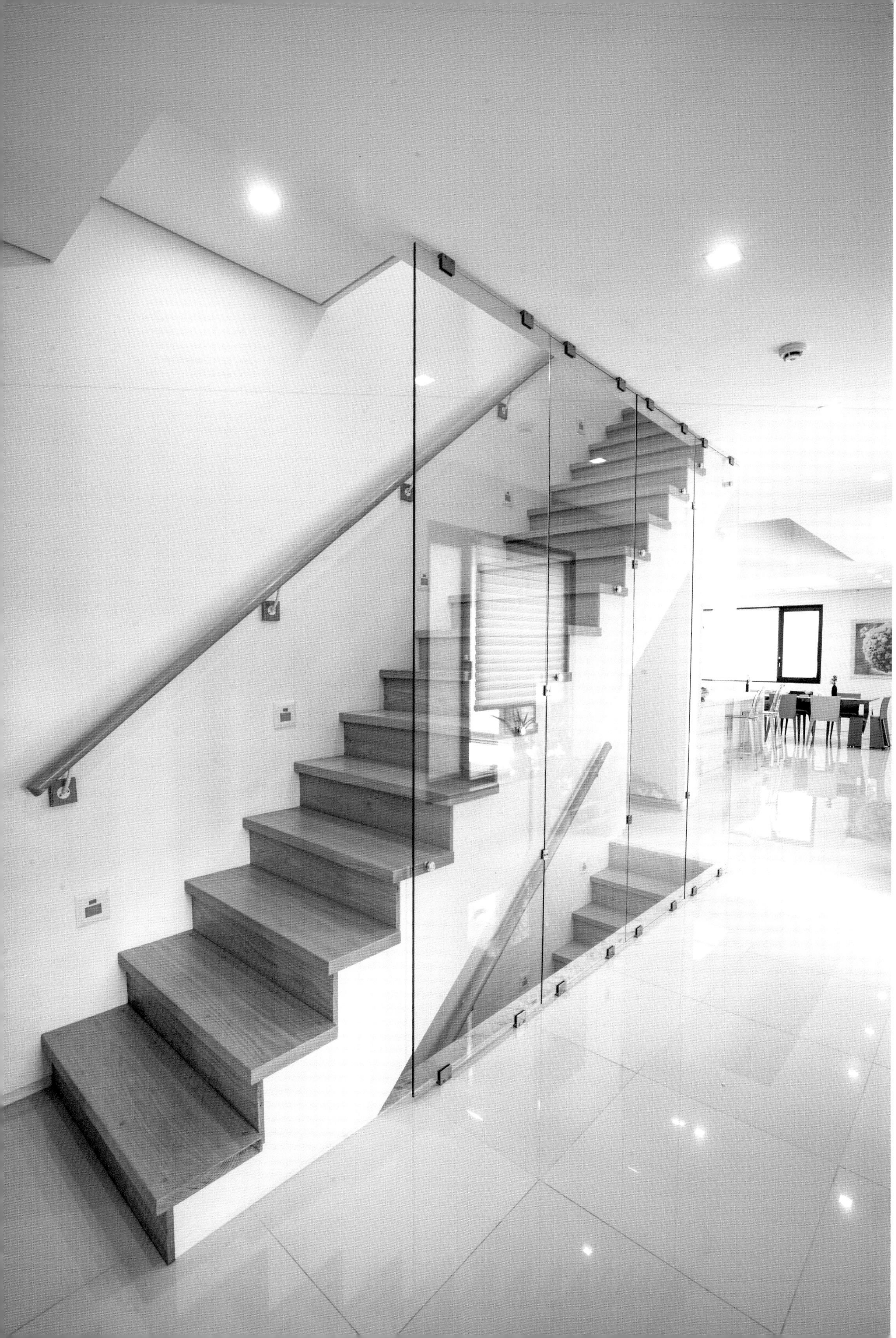

REINFORCED　　　CONCRETE　　　STRUCTURE

스터코플렉스+
스테인리스패널+징크

HOUSE PLAN

대지위치 : 경기도 성남시 분당구 운중동 998-3 / 대지면적 : 231.6㎡ / 건축면적 : 112㎡ / 연면적 : 294㎡(1층-112㎡ _ 2층-96㎡ _ 지하-86㎡) / 건폐율 : 50% / 용적률 : 80% / 주차대수 : 2대 / 최고높이 : 11m / 구조 : 철근콘크리트조 / 단열재 : PF보드 / 외부마감재 : 외벽-스터코플렉스, 징크 / 담장재 : 에메랄드 그린 / 창호재 : 이건창호 / 열회수환기장치 : 미국산 열교환장치 / 에너지원 : 도시가스, 태양열전기 / 조경석 : 사비석, 씨블랙 대리석 / 공사기간 : 1년 / 설계 : 네이처스페이스

INTERIOR SOURCE

내부마감재(벽 · 바닥 · 천장) : 내부 전체 미국산 던 에드워드 천연페인트 _ 바닥-수입 오크 원목마루 _ 타일-이태리 타일 / 욕실 및 주방 타일 : 이태리 타일 / 수전 등 욕실기기 : 수전-미국, 이태리 / 주방가구 : 한샘 / 거실 : 미국 수입 / 계단재 및 난간 : 미국 오크원목 / 현관문 : 국산 제작 / 중문 : 국산 제작 / 붙박이장 : 디자인 제작 / 방문 : 미국 수입 도어(높이 2,400㎜) / 붙박이장 : 디자인 제작 / 데크재 : 씨블랙, 사비석

공원 근처에 자리한 해당 대지는 상가 밀집 지역과 거리가 다소 있어 독립적인 주거환경을 형성한다. 두 자녀를 둔 건축주 부부는 블랙과 화이트 색상이 깔끔하게 매치를 이루는 모던한 주택 디자인을 희망했다. 일면 외관이 단순해 보일 수도 있겠으나 세월이 흘러도 질리지 않는 조합이라 많은 건축주들이 선택하는 스타일이다. 외장재로는 스터코플렉스와 스테인리스(SUS)패널, 징크를 사용하였다. 특히 현관에 배치한 블랙 컬러의 SUS패널은 외관을 더욱 돋보이게 하는 포인트가 되고 있다.

지하층에는 스포츠를 즐기는 가족들을 위한 운동실이 마련되었다. 회색 톤의 타일을 노출콘크리트 느낌의 모던한 형태로 꾸며 여느 카페나 전용 헬스클럽을 방불케 한다. 1층에는 거실, 다이닝룸, 게스트룸이 배치되었다. 거실에는 사방이 트인 통창을 통해 햇볕이 내비치고 전면부에는 시에서 관리하는 녹지 풍경이 펼쳐진다. 거실에서 연결된 화강석이 깔린 중정 데크에 심어진 백일홍 나무가 눈길을 끈다. 복도는 곡선 형태로 유려하게 각 공간을 연결해 단순한 내부 인테리어에 액센트 역할을 톡톡히 한다. 2층에는 안방과 자녀방를 두었는데, 그레이 계열 색상에 웨인스코팅이 된 안방은 모던함이 돋보이고, 파스텔톤 자녀방은 발랄한 느낌이다. 특히 자녀방의 천장부는 사선으로 내려오는 지붕 구조에 천창이 설치되었는데, 늦은 밤 별들이 방안을 수놓는다.

효율적인 모노쿠쉬로 마감한 상가주택

HOUSE PLAN
대지위치 : 경기도 성남시 분당구 근린상가 / 대지면적 : 265㎡ / 건축면적 : 130.44㎡ / 연면적 : 426.92㎡[지하-41.20㎡ _ 1층-130.44㎡ _ 2층-126.68㎡ _ 3층-131.36㎡(다가구주택 1가구)] / 건폐율 : 49.22% / 용적률 : 145.9% / 주차대수 : 2대 / 최고높이 : 12.10m / 구조 : 철근콘크리트조 / 단열재 : PF보드
외부마감재 : 외벽-프랑스 모노쿠쉬 마감 / 담장재 : 에메랄드 그린 / 에너지원 : 도시가스 / 공사기간 : 1년 / 설계 : 네이처스페이스

INTERIOR SOURCE
내부마감재(벽 · 바닥 · 천장) : 내부 전체 국산 벽지, 국산 페인트 _ 바닥-독일 강화마루 / 욕실 및 주방 타일 : 국산 타일 / 수전 등 욕실기기 : 아메리칸 스탠다드 / 주방가구 : 국산 / 조명 : 이태리 수입 / 거실 : 미국 수입 / 현관문 : 국산 방호문 도어 / 중문 및 방문 : 국산 / 붙박이장 : 디자인 제작

운중동 카페거리 한가운데 위치한 총 3세대가 입주한 상가주택이다. 운중천을 바로 앞에 두고 있는 만큼 풍광이 좋다. 외장은 효용성을 높이기 위해 모노쿠쉬를 선택해 마감하였다. 모노쿠쉬(Monocouche)는 프랑스어로 'mono-한 번에 / couche-마감하다'라는 말의 합성어로 미장, 방수, 도장의 공정을 한 번에 시공하는 천연컬러몰탈을 말한다. 여기에 라임스톤, 규사, 분말수지와 각종 첨가물 등이 혼합된 외장재이다. 반영구적인 방수성과 통기성 구조로 습기 조절과 색상 유지에 유리한 편이다. 시간이 지날수록 내구성이 높아지는 구조성에 친환경적인 재료로 불연성 등도 갖췄다. 특히 요즘 간혹 발생하는 외장 드라이비트 마감에 인한 화재의 취약성을 감소시켜 주거의 안정성을 높여준다.

모던한 사각 구조와 화이트로 마감한 외관은 건물 규모에 비해 볼륨감이 더 커 보인다. 운중천 주변의 다른 이웃 건물과 자연스러운 스카이라인을 유지하며 깔끔한 외관 디자인이 도드라진다. 1층은 카페가 성업 중이고, 2층 및 3층에는 각각 세대가 입주해 있다. 3층 세대는 옥탑층의 돌출 구조로 인해 내부를 복층으로 사용할 수 있어 공간 활용도가 좋다. 운중천을 바라보는 남향으로 주방과 각 방에는 큰 창호를 설치하여 계절마다 바뀌는 운중천의 풍광과 사계절 변화를 고스란히 느낄 수있다.

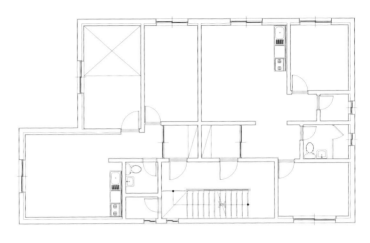

3층 평면도

2층 평면도

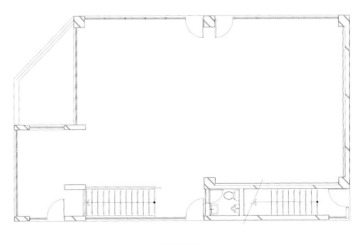

1층 평면도

스터코플렉스와 벽돌을 마감한 스틸하우스

HOUSE PLAN

대지위치 : 경기도 성남시 / 대지면적 : 264㎡ / 건축면적 : 130.44㎡ / 연면적 : 426.92㎡(1층-132㎡ _ 2층-99㎡ _ 지하-66㎡) / 건폐율 : 49.99% / 용적률 : 80% / 주차대수 : 2대 / 최고높이 : 11.10m / 구조 : 기초-철근콘크리트조 _ 1, 2층-2×6 스틸스터드 공법 / 단열재 : 미국산 에코단열재(벽-R19 _ 지붕-R37) / 외부마감재 : 스터코플렉스, 수입벽돌 / 담장재 : 에메랄드 그린 / 창호재 : 이건창호 / 에너지원 : 도시가스 / 공사기간 : 1년

INTERIOR SOURCE

내부마감재(벽 · 바닥 · 천장) : 내부 천연페인트, 천연벽지 _ 바닥-수입 원목마루 / 욕실 및 주방 타일 : 수입 타일 / 수전 등 욕실기기 : 수전-미국 / 주방가구 : 미국 수입 / 거실가구, 식탁 : 미국, 이태리 수입 / 조명 : 이태리 수입 / 거실 : 미국 수입 / 아이방 가구 : 유럽 수입 / 계단재 및 난간 : 미국 오크원목, 라운드 핸드레일 오크 / 현관문 : 이건창호 / 중문 : 국산 / 방문 : 국산 / 붙박이장 : 디자인 제작 / 데크재 : 사비석 잔다듬

산과 인접한 판교동은 공기와 풍경이 너무 좋다. 자녀와 함께 생활하는 건축주 부부는 구조적으로 튼튼하면서도 단열이 뛰어난 집을 원했다. 외부는 미국산 스터코플렉스와 벽돌을 조합해 마감하였다. 주거하면서 관리도 손쉬운 성능이 뛰어난 친환경 주택자재를 사용하였다. 외관 자체는 단순해 보이지만 위계와 크기를 달리하며 배치된 창호가 모던한 느낌을 살렸다. ㄱ자 모양의 주택 구조에 스타코플렉스의 회색톤과 따뜻한 벽돌의 조합이 건물을 보다 세련돼 보이게 한다.

1층은 건축주 부부가, 2층에는 자녀가 주거하고 있다. 각 방과 주방은 남향으로 창을 내 자연광이 실내로 자연스럽게 스며든다. 또한 창을 내다보면 앞산의 사계절 변화를 확연히 느낄 수 있다. 내부 인테리어는 최대한 심플하게 꾸몄다. 전반적인 주조색은 편안한 휴식을 위한 연한 아이보리 색상으로 처리하였다.

정면도

우측면도

배면도

좌측면도

REINFORCED CONCRETE STRUCTURE

듀플렉스 형태의 철근콘크리트조 주택

HOUSE PLAN

대지위치 : 경기도 성남시 분당구 / 대지면적 : 230.60㎡ / 건축면적 : 114.74㎡ / 연면적 : 246.94㎡(1층-135.01㎡ _ 2층-126.88㎡) / 건폐율 : 49.82%(법정 50%) / 용적률 : 78.89%(법정 80%) / 주차대수 : 2대 / 최고높이 : 12m / 구조 : 기초, 지하-철근콘크리트조 _ 지상-철근콘크리트조 / 단열재 : 외벽-PF보드 150㎜ _ 내벽-스카이텍 10㎜ / 외부마감재 : 외벽-사비석 _ 지붕-티타늄 징크 / 창호재 : 이건창호 / 에너지원 : 도시가스 / 공사기간 : 1년

INTERIOR SOURCE

내부마감재(벽 · 바닥 · 천장) : 내부 천연페인트, 페인트벽지 _ 바닥-수입 오크 원목마루 / 욕실 및 주방 타일 : 이태리 / 수전 등 욕실기기 : 아메리칸 스탠다드 / 주방가구 : 한샘 / 조명 : 국산 및 수입 / 계단재 및 난간 : 스테인리스, 유리 난간 / 현관문 : 이건도어 / 중문 : 국산 / 방문 : 국산 / 붙박이장 : 한샘 / 데크재 : 사비석 잔다듬

지하부터 옥상까지 총 4층 규모의 듀플렉스 하우스이다. 지하층과 1층은 주인세대(어머니와 아들)가 사용하고, 2층과 옥상 공간은 임대 공간으로 마련하였다. 외형은 전체적으로 모던한 느낌이다. 사비석으로 외장을 마감하고 옥탑은 징크로 마감했다. 2층 거실부의 돌출된 삼각형 구조가 밋밋해 보일 수 있는 입면에 포인트로 자리 잡았다. 1층과 2층으로 나누어진 세대는 각기 개별적으로 진출입을 할 수 있게 현관을 따로 두었다. 측면부와 정면부에는 넉넉한 주차장이 마련되어 있다. 외부에서 철제 계단을 통해 내려가는 지하층은 1층과는 독립된 공간으로 창고 겸 취미실로 사용한다. 지하 복도 벽면부터 바닥까지 타일로 마감하여 관리나 청소가 비교적 손쉽다. 북측면은 녹지지역이라 단풍나무와 소나무가 가득하게 펼쳐진다.

지하와 1층은 각각 독립적으로 사용되며, 옥상은 2층에서 연결된다. 화초 키우기가 취미인 건축주를 위해 외부정원은 물론 1층 남측면 발코니를 화초를 돌볼 수 있는 전용 공간으로 마련하였다. 1층과 2층에는 방 2개, 거실, 주방을 두었다. 거실과 다이닝룸은 오픈 형태로 개방감이 좋다. 벽부터 도어까지 화이트 컬러로 마감되어 깔끔하다. 특히나 도어틀에 몰딩이 없는 벽처럼 이어지는 디자인으로 실내가 더욱 넓어 보인다. 여기에 천장과 하단 걸레받이 등도 돌출되지 않는 마이너스 알루미늄 도장 몰딩을 사용했다. 여기에 더해 회색톤의 타일을 적절하게 사용하여 실내가 보다 세련된 느낌이다.

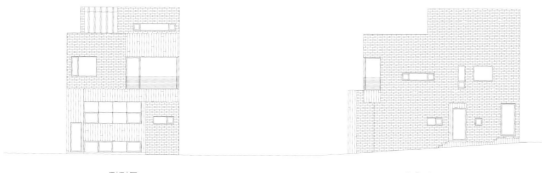

정면도   우측면도

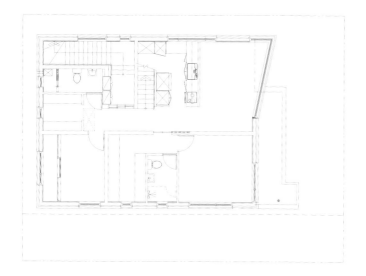

2층 평면도

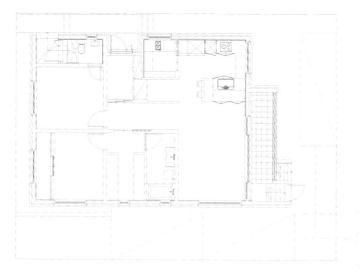

1층 평면도

NATURE
SPACE

네이처스페이스 *CLASSIC HOUSE*